実務に役立つ
プリント配線板の回路形成技術

雀部俊樹／秋山政憲／片庭哲也【著】
神津邦男【監修】

日刊工業新聞社

推薦のことば

　電子回路のバックボーンであるプリント配線板。その製造工程は様々なテクノロジーから成り立っているが、なかでも重要なのが本書の主テーマでもあるフォトリソグラフィー（写真法による回路パターンの形成）である。

　フォトレジストを用い、露光・現像によってワークの所定部分だけにマスクを形成し、露出した部分に処理を行う、すなわちエッチングのような除去処理で不要な部分を除き、めっきのような析出処理で必要な部分を付加し、これを繰り返して回路構造を作ってゆく技術である。

　半導体あるいは集積回路の製造にはフォトリソグラフィー技術が大きな役割を果たしていることは周知の事実であるが、本書を読むと、この技術がプリント配線板の製造においても重要な役割を果たしてきたことがよくわかる。

　著者らは、プリント配線板の製造技術に関して、これまでにエッチング、めっき、研磨という特定の技術に絞った3つの解説書を上梓している。本書はこれらの書籍とは趣がやや異なり、これら個々の技術を回路パターン形成技術という大きな視点で結びつけ、プリント配線板製造の主要工程概略がさらによく理解できる構成となっている。また、印刷技術がどのようにプリント配線板の製造に応用されているかという観点でも、わかりやすく記述されている。

　本書は、第1部でプリント配線板の製造工程をパターン形成を中心に解説、第2部では個々のプロセスが詳細に説明され、第3部でトラブルシュートなどの品質事項が述べられている。本書を読むことにより、製造工程概略を把握する、個々の作業に必要な詳細情報を得る、また品質トラブル時のマニュアルとして使うなど、さまざまな場面で有益な働きが期待される。

　この分野ではすでに押しも押されもせぬ先駆者であり第一人者である筆者らの渾身の一冊として、今後の電子回路業界の発展に大きく貢献するものと思い、本書を推薦する次第である。

　　　　　　　　　　　　　　　　　　　　　　　　　　　須賀　唯知
　　　　　　　　　　　　　　　　　　　　東京大学名誉教授／明星大学教授

目　次

はじめに　11
　1　プリント配線板とは……………………………………………………………… 11
　2　プリント配線板の製造方法……………………………………………………… 15
　3　配線パターンの形成……………………………………………………………… 15
　4　この本のテーマ…………………………………………………………………… 17

第 1 部　概　論

第 1 章　製造工程の概要　21

1.1　プリント配線板の製造工程とその進歩の歴史……………………………………… 21
　1.1.1　概　略………………………………………………………………………… 21
　1.1.2　フォトリソグラフィー（写真法）と印刷法の進歩…………………………… 22
　　　（1）プリント配線板製造技術のルーツ…………………………………… 22
　　　（2）ポジとネガ………………………………………………………………… 23
　　　（3）フォトツール……………………………………………………………… 24
　　　（4）フォトツール無しの露光方法…………………………………………… 25
　　　（5）スクリーン印刷法………………………………………………………… 29
　1.1.3　ドライフィルムフォトレジストの発明……………………………………… 32
　1.1.4　ドライフィルムフォトレジストの概要……………………………………… 35
　　　（1）ドライフィルムフォトレジストの構造………………………………… 35
　　　（2）ドライフィルムフォトレジストの組成………………………………… 36
　　　（3）ドライフィルムフォトレジストの現像と剥離………………………… 36
　　　（4）次世代型ドライフィルム………………………………………………… 38

- 1.1.5　微細化への対応 ·· 38
- 1.2　回路形成 ·· 45
- 1.2.1　XY方向の配線とZ方向の配線 ······································ 45
- 1.2.2　配線パターン形成の方法 ·· 46
- 　(1)　エッチングレジスト形成方法 ·· 46
- 　(2)　アディティブ法 ·· 51
- 1.2.3　エッチング法とパターンめっき法 ································ 52
- 1.3　回路パターン構成単位の寸法と位置の管理 ·························· 54
- 1.3.1　位置合わせの技術 ·· 54
- 1.3.2　寸法変化と位置合わせ ·· 55
- 1.3.3　プリパンチとポストパンチ ·· 58
- 1.3.4　ピンラミネーションとピンレスラミネーション ········ 59
- 1.4　フォトリソグラフィーの応用 ·· 61
- 1.4.1　ソルダーレジスト ·· 61
- 1.4.2　マーキング印刷 ·· 65
- 1.4.3　CO_2レーザーによる穴あけにおける銅層開口部の形成法 ········ 66
- 1.5　回路形成のその他の方法 ·· 66
- 1.5.1　パターン印刷法 ·· 66
- 1.5.2　めっき以外の層間接続法 ·· 67
- 1.5.3　印刷法による電子回路の形成 ·· 68

第2部　各　論

第2章　サブトラクティブ法での回路形成　　73

- 2.1　ラミネート前処理 ·· 73
- 2.1.1　概　　要 ·· 73
- 2.1.2　各処理装置の特徴（クリーンルーム外） ···················· 74

　　　　(1) 化学研磨ライン 75
　　　　(2) バフ研磨機 80
　　　　(3) ジェットスクラブ研磨機 84
　　2.1.3 クリーンルーム内における前処理装置の特徴 86
　　　　(1) クリーンローラー 86
　　　　(2) プリヒーター 87
　　　　(3) クリーンルーム 87
2.2　DFR ラミネート（エッチングレジスト塗工） 94
　2.2.1　概　　要 94
　2.2.2　DFR ラミネーター 95
　　　　(1) オートカットラミネーター 95
　　　　(2) 手動ラミネーター 101
　2.2.3　DFR 以外の工法 102
　　　　(1) 電着レジスト 103
　　　　(2) スクリーン印刷による配線パターン形成 105
2.3　露　　光 107
　2.3.1　概　　要 107
　2.3.2　露光装置 107
　　　　(1) コンタクト式自動露光装置 107
　　　　(2) デジタル式自動露光装置 120
　　　　(3) 投影式自動露光装置 123
　　　　(4) 手動露光装置 126
2.4　キャリアフィルム剥離 128
2.5　DFR 現像 130
　2.5.1　概　　要 130
　2.5.2　各処理工程の特徴 131
2.6　エッチング 145
　2.6.1　概　　要 145
　2.6.2　各処理工程の特徴 145

2.7 　DFR 剥離 ··· 155
　2.7.1 　概　　要 ·· 155
　2.7.2 　各処理工程の特徴 ··· 155

第3章　パターンめっき法での回路形成　　163

3.1 　パターンめっき法（メタルレジスト法）·· 165
　3.1.1 　アルカリエッチング ·· 165
　3.1.2 　錫剥離 ·· 167
3.2 　パターンめっき法（MSAP 工法）·· 167
　3.2.1 　DFR 現像 ·· 168
　3.2.2 　DFR 剥離 ·· 171
　3.2.3 　シード層エッチング ·· 172

第4章　ソルダーレジスト（SR）形成工程　　175

4.1 　概　　要 ·· 175
4.2 　各処理工程の特徴 ··· 176
　4.2.1 　SR 前処理 ··· 176
　4.2.2 　SR 塗工 ··· 177
　　　　（1）　スプレー塗布 ··· 178
　　　　（2）　ロールコーター ··· 181
　　　　（3）　カーテンコーター ··· 181
　　　　（4）　スクリーン印刷 ··· 182
　　　　（5）　DFR ラミネーター ·· 184
　4.2.3 　SR 露光 ··· 188
　4.2.4 　SR 現像 ··· 189

第3部　品質管理：不良とその対策

第5章　トラブルシューティング　　193

5.1　回路形成の前工程が関係する不良 ································ 194
　5.1.1　穴あけバリおよびバリ取り研磨 ···························· 194
　5.1.2　穴埋め後平坦化（穴埋め研磨） ···························· 194
　5.1.3　パネル表面の傷 ·· 195
　5.1.4　銅めっき前の異物による短絡不良 ························ 196
　5.1.5　銅めっき後研磨（ブツ・ザラ研磨） ····················· 197
　5.1.6　銅めっき厚のばらつきによるパターン幅異常 ········· 197
　5.1.7　銅めっき未着によるスルーホール断線 ·················· 200
　5.1.8　スミア残りによる断線 ······································ 200
5.2　回路形成工程での不良 ··· 202
　5.2.1　断線・欠け（裾残り形状） ································ 202
　5.2.2　断線・欠け（シャープな形状） ·························· 205
　5.2.3　短絡・突起（ボトムショート） ·························· 206
　5.2.4　短絡・突起（トップショート） ·························· 206
　5.2.5　パターン太り（アンダーエッチング） ·················· 209
　5.2.6　パターン細り（オーバーエッチング） ·················· 210
　5.2.7　スルーホール断線 ·· 211
　5.2.8　基材破損 ··· 213
5.3　位置合わせ不良（レジストレーション不良） ··············· 213
5.4　SR工程での不良 ··· 214
　5.4.1　穴内異物づまり ·· 214
　5.4.2　SR前処理研磨での不良 ···································· 214
　5.4.3　異物付着 ··· 216
　5.4.4　SR剥がれ ·· 216
　5.4.5　SR位置ずれ ··· 216

5.5　MSAP 工法での不良 218
　5.5.1　銅めっき表面のピット 218
　5.5.2　DFR における配線パターン不良低減への取り組み 219

第6章　品質関連用語解説　227

6.1　電気接続に関する不良・欠陥 227
6.2　導体の形状、表面状態に関する不良・欠陥 227
6.3　露光・フォトレジストに関する不良・欠陥 230
6.4　回路形成以前の工程の不良・欠陥 231

あとがき（監修者からのことば）　232
索引　233
著者略歴　237
書籍サポートページ　239

コラム
様々な露光方法 26
穴埋め法 50
写真法によるビアの形成（ビルドアップ多層基板のフォトビア）........... 65
クリーンルームの空気清浄度クラス 92
ステップタブレット 100
ブレークポイント 140

執筆担当およびご協力いただいた方々（敬称略）

はじめに	雀部俊樹
第1章	雀部俊樹
第2章 2.1〜2.7節	秋山政憲
第2章 2.2節	ご協力：大橋武志（日立化成株式会社）
第2章 2.3節	ご協力：山本健（株式会社アドテックエンジニアリング）
	ご協力：大橋武志（日立化成株式会社）
第2章 2.5〜2.7節	片庭哲也
第3〜4章	秋山政憲
第5章 5.1〜5.5.1項	秋山政憲
第5章 5.5.2項	ご協力：大橋武志（日立化成株式会社）
第6章	雀部俊樹
コラム	雀部俊樹

はじめに

1. プリント配線板とは

　エレクトロニクスの発展はますますその速度と広がりを増し、パーソナルコンピューターやスマートホンを始めとする電子機器が現代の生活には欠かせないものとなってきている。

　このように身近になってきた電子機器のなかに有り、その機能を実現しているもの、それがプリント回路（printed circuit）である。プリント回路（あるいはプリント回路アセンブリー（printed circuit assembly）ともいう）は、多数の電子部品をプリント配線板（printed wiring board）の上に搭載したものである。電子部品を相互に電気的に接続して電子回路を形成するとともにその部品を物理的に支持する役割を担うのがプリント配線板である。

　　　　　　　プリント回路＝電子部品＋プリント配線板
という関係になっている（図1）。

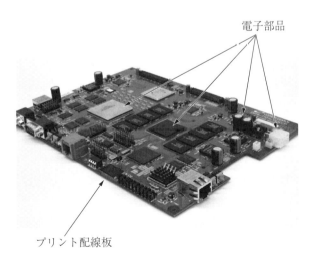

図1　プリント回路の構成要素／写真提供：take4/PIXTA（ピクスタ）

プリント配線板の製造においては、機械的加工（切削、研削など）と化学的処理（化学薬品による処理、化学反応を用いた工程）が組み合わされて用いられている。

【用語解説】
- 「プリント配線板」は PWB と略される場合がある。
- 「プリント配線板」という用語に別の修飾語が付いて複合語になる場合は、長くて煩雑になることを避けるために、誤解が生じない限り「配線板」あるいは「基板」と略す場合が多い。「フレキシブルプリント配線板」を「フレキシブル配線板」、「多層プリント配線板」を「多層基板」などと称する。ただし、「基板」の語を単独で用いるのは、意味が曖昧になる場合が多いため、避けるべきである。
- 「PCB」（Printed circuit board＝プリント回路板）は部品が実装された「プリント回路」のことを指す場合もあれば、「プリント配線板」を指す場合もある、あいまいな用語である。

プリント配線板は単純な構造のものから、最新の複雑な構造のものまで様々ある。図2にその例を示す。

なお、本書では、プリント配線板の構造を示すにはもっぱら断面図を使う（図3）。

この図にある片面、両面、多層、ビルドアップ多層の各種プリント配線板を以下に説明する。

一番単純な構造の片面プリント配線板（層数1のプリント配線板）[*1]では、絶縁材料の上に銅により配線パターンを形成し、部品取付け用の穴を設け、さ

[*1] プリント配線板は配線層と絶縁層からなるが「○層のプリント配線板」という場合の層数は配線層の数を示す。一方、フレキシブルプリント配線板の材料であるフレキシブル銅張積層板（FCCL）では銅箔、接着剤層、ベースフィルムからなる構造を3層FCCLと呼び、接着剤層がない場合あるいは接着剤層とベースフィルムが同一材料の場合2層FCCLと呼んでいる。

はじめに

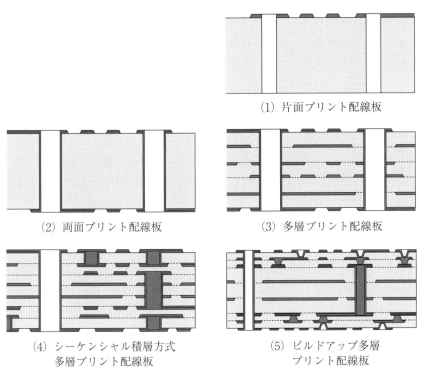

(1) 片面プリント配線板

(2) 両面プリント配線板

(3) 多層プリント配線板

(4) シーケンシャル積層方式
多層プリント配線板

(5) ビルドアップ多層
プリント配線板

図2　プリント配線板の構造（断面図）

この断面で構造を表す

図3　プリント配線板の構造（斜視図と断面図の関係）

らにその上に回路保護用の絶縁膜を形成（はんだ付けなど接合用の部分を除いて形成）したものである。絶縁材料の板の表面に銅箔を貼り付けた板（銅張積層板、CCL = copper-clad laminate）を原材料として用い、回路部分以外の銅

を除去して回路を形成し、表面保護用絶縁膜（ソルダーレジスト）をスクリーン印刷で形成するのが一般的である。

　銅張積層板とは、基材（紙、ガラスクロスなどの板に剛性を与えるための強化材）に未硬化の樹脂材料を染み込ませたシート（プリプレグと呼ぶ）を複数枚重ね、表面に銅箔を置き、積層プレスにより高温高圧を加えて一体化させたものである。表面に銅箔を有する繊維強化プラスチックの板材である。プリント配線板メーカーには銅張積層板メーカーが材料として供給している（プリプレグの語は「あらかじめ含浸させた」の意味である pre-impregnated に由来する）。

　両面プリント配線板（層数2のプリント配線板）は銅の配線パターンを裏面・表面の両面に形成し、表裏を銅めっきした貫通穴（スルーホール）でつないだものである（このようなめっき貫通穴を「めっきスルーホール」と呼び、この種の貫通穴のめっきを「スルーホールめっき」と呼ぶ）。X-Y方向（板と平行の方向、面方向）の接続配線を表裏2層の配線パターンで実現し、Z方向（板と垂直方向、厚さ方向）の接続をめっき穴の配置により実現して配線ネットワークを形成している。

　このようなZ方向の電気的接続のための穴をビアホール（via hole）[*2]と呼んでいる。部品取り付けのための部品穴（component hole）に対して接続経路の穴という意味の用語である（なお、ビアホールは単にビアと呼ぶ場合が多い）。

　ビアホールの種類に関しては第1章の図1.11（p.46）を参照のこと。

　多層プリント配線板（層数3以上のプリント配線板）は、製品内部に配線パターンを作成した銅張積層板から出発して、両面プリント配線板と同じプロセスで表面パターンとスルーホールを形成したものである。具体的には、内層配線パターンを形成した両面プリント配線板（ただしめっき穴はなし）とプリプレグを交互に重ね、両面に銅箔を置いて、積層プレスで一体化させる工程により、内層配線入り銅張積層板を作成し、それを用いて両面プリント配線板と同

＊2　viaの日本語表記としては「ビア」、「ヴィア」、「バイア」、「ヴァイア」などがあるが、本書では「ビア」を用いる。

じ工程により製造する。

　ビルドアップ多層プリント配線板は、多層プリント配線板の表面に、絶縁層、ビア、配線を形成する工程を繰り返して、一層ずつ積み上げて製造したプリント配線板である。微細なビア（マイクロビアと称する）と微細な配線が可能になる。高密度配線が要求される最新の電子機器ではこの種類のプリント配線板が主流となっている。

2. プリント配線板の製造方法

　プリント配線板の製造方法の概略を図4に示す。この図はビルドアップ多層プリント配線板の製造工程を示している。この図からビルドアップ工程を省いて「前工程」から直接「後工程」に行けば、一般の多層プリント配線板の製造工程となる。さらに、「内層工程」を省けば、両面プリント配線板の製造工程になる。

　銅箔（あるいは銅箔と銅めっき層からなる銅層）が全表面にある状態から出発して、不要な場所の銅の除去を行って配線を作成することを複数回繰り返してプリント配線の主要部分ができあがり、それに付帯的加工を行うことでプリント配線板となることがわかる。

　なお、図4の製造方法にある「穴埋め」と「蓋めっき」に関しては図5を参照。

3. 配線パターンの形成

　プリント配線板の製造工程の中で配線パターンを形成するのは、
- 必要な部分に導電体である銅を形成するのが「めっき」
- 不必要な部分の銅を除去し配線パターンを形成するのが「エッチング」

となり、「めっき」と「エッチング」というプロセスが重要な役割を担っている。

　いままでの説明では単に「不要な場所の銅をエッチングで除去し…」などと記述していたが、これは具体的には、配線となる部分を銅以外の物質で覆い、覆われていない部分の銅をエッチング液により溶解する工程である。このような銅を覆ってエッチング液の作用が覆った部分に及ばないようにする物質をエ

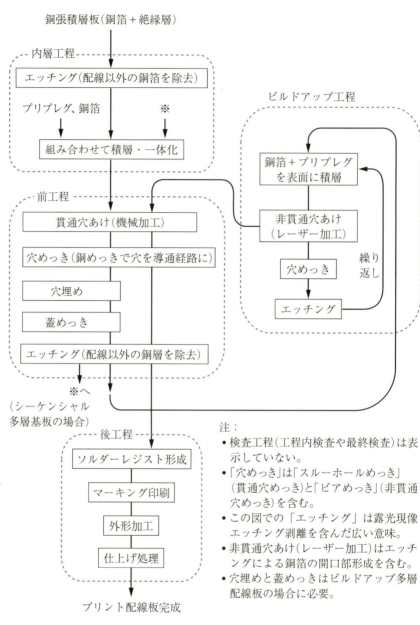

図4 プリント配線板の製造工程図

はじめに

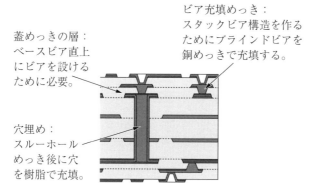

図5　ビルドアップ多層配線板の穴埋めと蓋めっき

ッチングレジストという。

　プリント配線板の製造には、感光性のレジスト（フォトレジスト）を用いた写真法（フォトリソグラフィー）が用いられる。レジストの形状としては、液体レジスト材料を塗布するのではなく、フィルム状のレジストを貼り付ける方法が一般的である。このようなフィルム状レジストをドライフィルムフォトレジストと呼ぶ（ただし、片面プリント配線板ではスクリーン印刷法によりエッチングレジストを形成する方法も用いられている）。

　このフォトリソグラフィー（写真法による導体パターン形成）は、プリント配線板の製造工程のなかでも最も重要なプロセスの一つであり、回路の微細化に対応した進歩が要求され、技術的に難しいプロセスでもある。

4. この本のテーマ

　本書はこのようなパターン形成（フォトリソグラフィーによる導体形成）をメインのテーマとして、プリント配線板の製造工程を解説したものである。この「パターン形成」には、回路パターン（導体パターン）の形成だけでなく、フォトリソグラフィーを応用したソルダーレジストの形成（開口部パターンの形成）も含み解説をした。

　主な読者としてはプリント配線板製造に携わる技術者を想定しているが、プリント配線板の調達あるいは設計に携わるユーザー、およびエレクトロニクス

製品のハードウェアに興味のある一般技術者にもわかりやすいように初歩的事項から丁寧に説明するよう心がけた。

　著者らは今までに、プリント配線板の製造工程に関わるエッチング［文献1］、めっき［文献2］、研磨［文献3］の各工程の技術を解説した図書を執筆してきた。本書の執筆にあたっては、これら各工程の細かい技術事項を補完して、プリント配線板の導体回路形成の一般的技術知識を得ることができるように留意した。

　本書が読者のプリント配線板製造技術の理解にすこしでも役立てば幸いである。

参考文献

1. 雀部俊樹，石井正人，秋山政憲，加藤凡典：本当に実務に役立つプリント配線板のエッチング技術，日刊工業新聞社，2009
2. 雀部俊樹，秋山政憲，加藤凡典：本当に実務に役立つプリント配線板のめっき技術，日刊工業新聞社，2012
3. 小林　正，雀部俊樹，片庭哲也，秋山政憲，長谷川堅一：本当に実務に役立つプリント配線板の研磨技術，日刊工業新聞社，2018

第1部

概 論

第1章

製造工程の概要

1.1 プリント配線板の製造工程とその進歩の歴史

1.1.1 概　略

　プリント回路は20世紀前半にさまざまな試みがなされた末に、第2次大戦中に軍事技術として初めて採用され、第2次大戦後（1945年以降）に一気に普及した［文献1］。この時、軍用として採用されたのは、砲弾の近接信管の実現のためであり、採用されたプリント配線板はセラミック基材の上にカーボンを主成分とした導電インキ[*1]で回路パターンを印刷したものであった。

　第2次大戦終了後に軍需技術の民間転用が始まったとき、当初は同様のセラミック基板（セラミック基材のプリント配線板）が検討されていたが、現実に主流となったのは、有機材料をベースにして銅張積層板からエッチング法により回路を形成する銅箔エッチング法であり、1950年代には普及が加速する。

　1960年代には、スルーホールめっきプロセスの開発（1961年Shipley［文献2］その他）により、プリント配線板の深さ方向（Z軸方向）への接続が可能になり、両面基板、多層基板への道が開け、またドライフィルムフォトレジストの開発（1968年DuPont社［文献3］）により生産性が一気に向上した。この時点でほぼ定まった製造方法が、その後50年以上にわたり主流となり改良を重ねて発展してゆく。

---

*1　インキとインクは両方とも英語のinkの音訳語（古くはオランダ語のinkt由来）である。現在では工業用品（印刷工業その他）では「インキ」を使い、事務用品としては「インク」を用いている。プリント配線板に用いるインキは工業用途であるから、この本では「インキ」を用いる。ただし「インクジェット法」のように複合語として慣用となっているものはそれに従う。

プリント回路は、着実に高密度化（単位面積あたりの配線ネットワークの増加）およびそれにともなう微細化が進んでいる（1.1.5項の図1.7参照）。部品の実装方法が挿入実装から表面実装に変わり、部品の集積化・小型化も進んでいる。

プリント配線板の構造も、片面板から両面板、多層板、ビルドアップ多層板と複雑化・微細化が進み、それに対応した製造技術が開発されている。

1.1.2　フォトリソグラフィー（写真法）と印刷法の進歩
(1)　プリント配線板製造技術のルーツ

1940～50年頃に活躍した初期のプリント回路の開発者たちは、19世紀からの長い伝統がある写真製版（photoengraving）の技術を流用してプリント配線板を製造することに成功した。印刷用原版を製造するために用いられていた写真製版技術では、

1. 亜鉛、銅などの金属板の上に感光剤（フォトレジスト）を塗布する。
2. 画像を直接投影、あるいは画像を形成したフィルムを密着し露光する。
3. 未露光部分を洗い流す（現像）。
4. 露出した部分を酸などの化学薬品の溶液でエッチング除去し、溝あるいは穴を作る。
5. 感光剤を薬品で除去する。
6. この表面の凹凸が印刷に使用される（凸版印刷の場合には凸部にインキを載せて転写、凹版印刷の場合は凹部にインキを詰めて転写）。

という工程がすでに確立されていたから、それを流用したものである。例えば、片面プリント配線板の場合には、銅張積層板にフォトレジストを塗布し、露光・現像によりエッチングレジストを作り、エッチング液によって不要部分（非配線部分）を除去し、エッチングレジストを剥離して銅配線が完成する。

【用語解説】

レジスト（resist）：
　一般に物理的加工あるいは化学的な反応が及ばないように表面の一部を覆う物

質をレジストと呼ぶ。エッチングレジスト、めっきレジスト、ソルダーレジストがこれにあたる。ソルダーレジストははんだ付け時に接合箇所以外の配線をはんだから守るためのレジストという意味である（ソルダーレジストの場合はソルダーマスク（はんだマスク）と言う用語も使われているが、この場合のマスクはレジストとほぼ同じ意味である）。

配線部／非配線部（回路部／非回路部）:
　プリント配線板の導体回路になる部分を回路部（または配線部）、その他の部分を非回路部（または非配線部）と呼ぶ。印刷技術で画線部／非画線部と呼ぶのと同様の用語である。

(2) ポジとネガ

　実際のものに対して、白／黒、有り／なし、または1／0の関係が同じものをポジ（Positive、陽画）、正反対のものをネガ（Negative、陰画）と呼ぶ。

　プリント配線板の場合、製造に用いるフィルム（フォトツールと呼ぶ）あるいはレジストにおいては、プリント回路の回路部分に黒く銀塩が残っているフィルム（あるいは回路部分にレジストが残っているもの）がポジである（**図1.1**）。

　さらに、フォトツールに関してはベースフィルムの片面に感光剤を塗布した

　　　　　ポジパターン　　　　　　　　　　　ネガパターン
・目的とする図形と、　　　　　　　　・目的とする図形と、
　－　黒／白　　　　　　　　　　　　　　－　黒／白
　－　有／無　　　　　　　　　　　　　　－　有／無
　－　1／0　　　　　　　　　　　　　　　－　1／0
　などが同じパターン　　　　　　　　　　などが反対のパターン

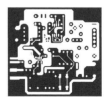

図1.1　ポジとネガ

ものであるから裏表の区別がある。感光用光源から見て向こう側（ワーク*2側）に感光膜があるものを膜下（Emulsion Down）、手前の面にあるものを膜上（Emulsion Up）と呼ぶ。

また、感光剤の性質を表す用語として、ポジからネガ、ネガからポジと画像を反転して複製する感光剤をネガ型（negative tone）と呼び、ポジはポジのまま、ネガはネガのまま複製するものをポジ型（positive tone）と呼ぶ。ちょうど写真用フィルムの場合のネガフィルムとリバーサルフィルムの関係と同じである。

(3) フォトツール

写真法によるパターン形成に用いられるフィルム（パターン画像を表面に有するフィルム）をフォトツールと呼ぶ。以前はマスターフィルム（アートワークマスター*3とも呼ぶ）から複製していたが、フォトプロッター（銀塩フィルム作画機）の高速化により、製造用のフォトツールをパターンデータから直接作成することが一般的になった。一般的にはフォトマスクとも呼ぶ。また、半導体などの投影露光に用いられるフォトマスクはレチクル（reticle または photoreticle）と呼ばれる。

ベースフィルムとしてポリエステルフィルムを用い、その上に感光剤（ハロゲン化銀をゼラチンに分散させた乳剤）を塗布した構造である。裏面には反射防止膜を形成している。このフィルムに、

1. 露光（密着露光によるマスターからの複製あるいはフォトプロッターによる作画）
2. 現像・定着・水洗・乾燥などの処理

を行い、回路パターンが形成された後に、表面に保護フィルムを貼り付ける。

プリント配線板や写真製版に用いるフィルムは、フォトリソグラフィー

---

*2　ワーク（work）：被加工物のこと。プリント配線板製造工程では「パネル」とも称される。p. 29の用語解説を参照。
*3　アートワークとは印刷用語としては『挿絵、イラストなどの（文字情報以外の）印刷画像』の意味であるが、プリント配線板では回路パターン画像のことを指す。

(photolithography＝写真法パターン形成）に用いることからリスフィルムあるいはリス型フィルム（lith film）と呼ぶ。この用途では中間調は不要であるから、コントラストが極めて高く、また解像度も高いフィルムである。現像液にも中間調の出ないコントラストの高い画像が得られる専用の現像液が用いられる。

　プリント配線板のフォトツールとしては、ジアゾフィルムも用いられる場合がある。ジアゾニウム塩とカプラーを含む感光剤を塗布したフィルムであり、紫外線露光により、光を受けた部分が分解して透明になる。未露光部分は現像工程（アンモニアガスなどとの接触現像）の反応でアゾ染料になり発色する。光を受けない部分が発色するから、ポジ型の感光剤である。ジアゾフィルムは完全な黒色ではなく、露光に使う紫外線は遮断するが可視光では透けて見えるため、目視によるフォトツールの位置合わせ（アライメントあるいはレジストレーション[*4]）ができる。手動露光機を用いた小規模製造ラインや試作ラインなどで用いられている。ジアゾフィルムは銀塩フィルムよりも耐スクラッチ性[*5]が高いため、保護フィルムは不要になる場合が多い。

　フォトツールの下地としては、高分子フィルム以外にもガラスを用いる場合もあり、ガラス乾板（写真乾板）と称する。寸法安定性はガラス乾板が優れているが、使用・保存などの取り扱い容易性ではフィルムの方が優れている。

　また、銀塩以外に、金属クロムの蒸着膜を用いたフォトツールもあり、微細加工に用いられている。ただし、一般的なプリント配線板の製造に用いるフォトツールはほぼすべて銀塩フィルムである。

(4) フォトツール無しの露光方法

　フォトツールに関しては、次のような管理面での難しさがある。

- フォトツールに傷・汚れがあると、ワークにそのまま転写され、不良が大量生産されてしまう（同一箇所不良）。

[*4] アライメント alignment（動詞は align）は「整列する、一列に（一直線に）並べる」の意味。レジストレーション registration は一般的には「登録」という意味が主ではあるが、印刷・製版・写真関連関連の用語では「（版などの）位置合わせ」という意味で用いる。
[*5] 耐スクラッチ性：スクラッチ（scratch こすり傷、ひっかき傷）に対する耐性。

- フィルムの上に作画してあるから、温度湿度変化により寸法変化が大きく、パターン位置合わせが難しい。厳重な温湿度管理および寸法測定による確認などの品質管理が求められる。

そこで登場したのが、直接描画法（直描法、direct imaging）である。パターンの画像データからフォトツールに作画しておいて、そのフォトツールからワークに露光するのではなく、パターンの画像データからワークに直接パターンイメージを投影露光する方法である。これは、移動投影露光法がデジタル技術で進歩したものと考えることができる（図1.2）。

この方法によると次のような利点がある。
- フォトツールの管理が不要になる。
- フォトツール起因の不良が根絶できる。
- フォトツールの寸法補正が、個々のワークに合わせて、その場でできる。
- フォトツール作成・管理のオーバーヘッドがないため、多品種少量生産が容易になる。

すでに印刷業界では、写植などのフィルムを使った作業がなくなり、コンピューター内で全ての編集修正作業が完結し、工程の最後である印刷装置あるいはその直前の製版装置にデジタルデータが供給されるようになっている。プリント配線板業界でも同じような変化が進んでいる。

コラム：様々な露光方法

図1.2に種々の露光方法を示した。
(1) 密着露光・近接露光

光源からの光をパネル上のフォトレジストに、パネル上のフォトツールを通して照射する。フォトツールをフォトレジストに密着させて露光するのが密着露光（コンタクト露光）、隙間（エアギャップ）を空けて露光するのが近接露光（プロキシミティ露光またはオフコンタクト露光とも称する）である。プリント配線板の露光では、高い解像度が必要なため、密着露光が主に用いられている。

パネルに照射する光はパネル上のどの場所でも均一な照度を持ち、かつ平行光（デクリネーション角の小さい光）であることが理想である。

プリント配線板の密着露光の場合は減圧法で密着させる場合が多い。フォトツール

第 1 章 製造工程の概要

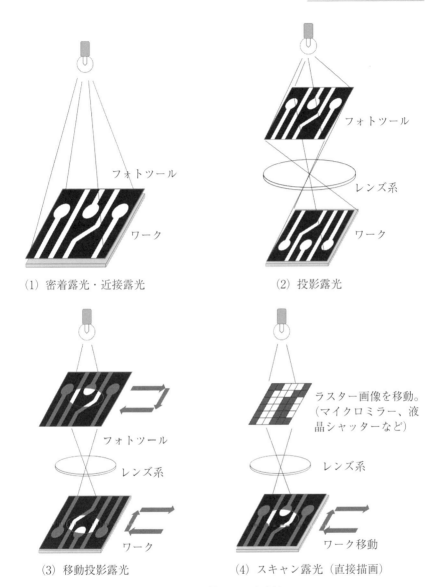

図1.2 様々な露光方法

を表裏2面に配置したパネルをガラスの支持板とポリエステルフィルムの間に挟み、この隙間から脱気して、フォトツールを密着させる方法である。この場合の密着の目安として、フォトツール、ポリエステルフィルム、ガラス板の間が充分密着すると、

光の干渉によるニュートンリング（ニュートン環、Newton ring）が出現する現象を利用する。

自動露光機などでは、減圧式ではなく、サイクル時間の短い加圧式を用いる装置もある。

(2) 投影露光

投影露光は半導体で主に用いられている方法であるが、微細化が進むプリント配線板でも用いられるようになった。一般的には、大きなサイズのプリント配線板のパネル（例えば 500 mm×600 mm）を一度で露光するのではなく、光学系を移動させて部分的に露光を行うことを繰り返す、ステップ・アンド・リピート方式が用いられる。1 枚のパネルに、比較的小さなプリント配線板が多数配置されている場合（例えば半導体サブストレート用プリント配線板など）にこの方法が用いられる。

(3) スキャン投影露光

大きなプリント配線板を投影露光で製造するために、ステップ・アンド・リピートではなく、フォトツールとパネルを連続的に同期して移動させながら露光する方法である［文献 4］。プリント配線板分野では実用化されなかった。

(4) デジタル・スキャン投影露光

スキャン投影露光の難点である、フォトツールとパネルを連続的に同期して移動させる複雑な機構を用いず、パネルだけを移動して、フォトツールとしてはデジタル的に同期移動する画像を用いて露光する方法である。デジタル画像の発生機としては光源＋マイクロミラーデバイスを用いる。この方法が現在の直接露光の主流である。

【用語解説】

デクリネーションとコリメーション

図 1.3 のようにデクリネーション角は照射面の法線と光との角度のことであり、入射光が斜めに入ってくる度合いを示す。平行光露光機の平行度の評価あるいは露光面の中央部分と端部との露光状態の差の検証などによく用いられる尺度である。

コリメーション半角は照射面からみた光源の視角を半角で表したもの。光学的には点光源が理想であるが、実際には光源には大きさがあるため、それによる「ボケ」の程度を表す角度であり、加工精度の尺度となる。

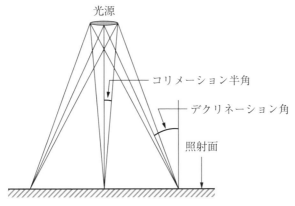

注：コリメーションはコリメーション半角（光源の半径に対応する角度）で表すのが普通である。

図 1.3　コリメーションとデクリネーション

【用語解説：パネル】

　パネルとは製造時の加工単位である。プリント配線板の製造では、製品（顧客に納入するプリント配線板）よりも大きなサイズの加工単位を用いる場合が多い。例えば 180 mm×240 mm の製品を 3 個×2 列に並べて、600 mm×500 mm の板として加工する、というようなやり方である。この場合の加工単位をパネルと称する。プリント配線板の製造では最後の段階の外形加工プロセスで、パネルから製品を切り抜く。大半の場合、製造工程中のワーク（被加工物）はパネルである。

　日本産業規格（JIS）［文献 5］ではパネルは「プリント配線板の製造工程を順次通過する、製造設備にあった大きさの板」と定義されている。

　また、個々のプリント配線板の製造データをパネルに割り付ける工程を「面付け」（パネライズ＝panelize）という。

(5) スクリーン印刷法

一般の印刷方法には、おおよそ 4 つの方法がある（**図 1.4**）。

1. 凸版印刷法　版の凸部にインキを保持して、被印刷物に転写する方法
2. 凹版印刷法　版の凹部にインキを充填して、被印刷物に転写する方法

名　称	構　図	特　徴
凸版印刷	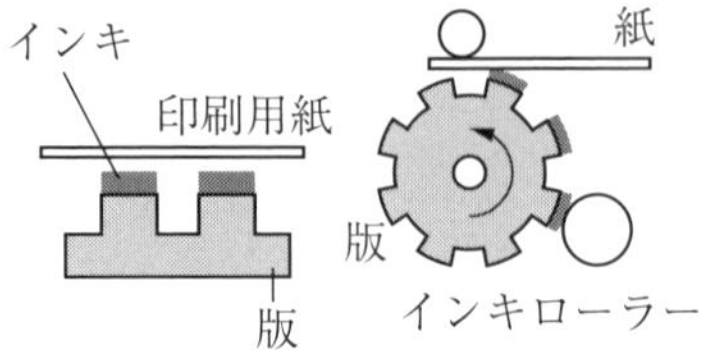 インキ／印刷用紙／版／紙／版／インキローラー	●版の凸部にインキを付け印刷。 ●鮮明で力強い印刷ができる。
凹版印刷 （グラビア印刷）	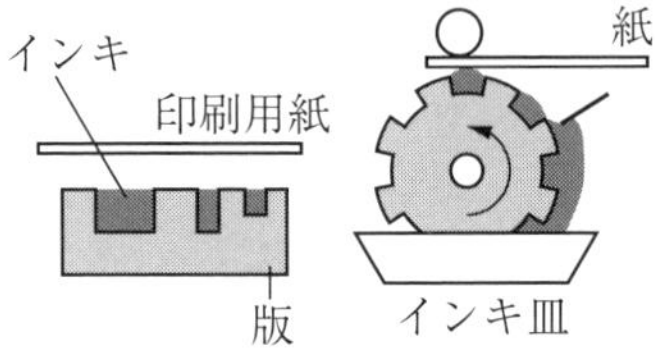 インキ／印刷用紙／版／紙／版／インキ皿	●版の凹部にインキを入れて印刷。 ●インキに光沢、色に深み。 ●合成樹脂フィルムや建材にも印刷。
平版印刷 （オフセット印刷）	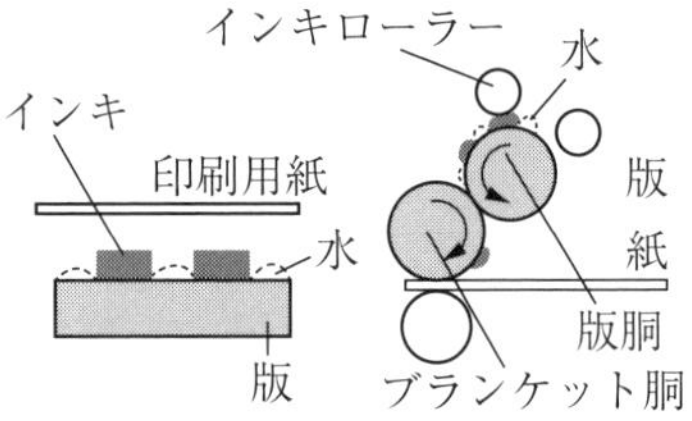 インキ／印刷用紙／版／インキローラー／水／版／紙／版胴／ブランケット胴	●凹凸のない版からインキをゴムのブランケットに転写、そこから紙に刷る。 ●修正、加工がしやすく、経済的。 ●水なし印刷はこの方式に属す。
孔版印刷	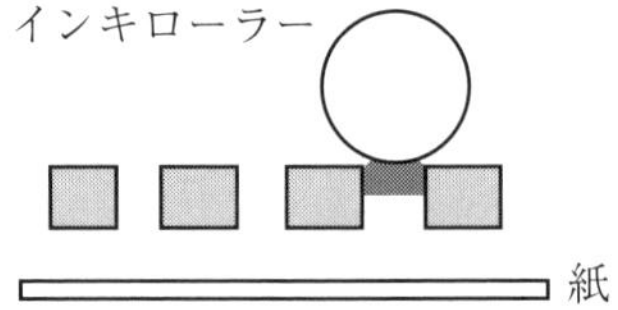 インキローラー／紙	●版に穴をあけ、上からインキを通すことで紙に転写する。 ●ガリ版、家庭用年賀状印刷機、スクリーン印刷、等がこの方法を応用。

注）版にはインキのつく部分とつかない部分があり、インキのつく部分を「画線部」、つかない部分を「非画線部」といい、この2つの部分の断面の形状によって、版は4つに大別される。

注）スクリーン印刷は、絹やナイロン、ステンレスなどでできたクリーンに直接・間接的に穴をあけて印刷する方法。

注）凸版印刷は、フレキソ印刷とも記されるが、「フレキソ」とは、ゴム版がフレキシブル flexible（柔軟性）なため「フレキソグラフィ」といわれ、日本では略してフレキソと称する。

「トコトンやさしい印刷の本」［文献 6］p. 17 より。

図1.4　主要な4種の印刷法

3. 平板印刷法　版の表面に親水性の部分と親油性の部分を形成し、親油性の部分にインキを保持して、被印刷物に転写する方法

4. 孔版印刷法　版に形成した開口部を通してインキを反対側の被印刷物に

移行する方法

スクリーン印刷法は、このうちの『4. 孔版印刷法』にあたる。セリグラフィー（serigraphy）とも呼ぶ[*6]。

ここでは単に「版に形成した開口部」と記述したが、この『開口部』を『形成』するのは写真法（フォトリソグラフィー）である。編み目になっているスクリーン（紗）と一体化している乳剤はフォトレジストからなっている。その形成法には、

1. 直接法　枠に張った紗に感光乳剤を塗布して成膜し、フォトツールを介して紫外線露光を行い、水現像して開口部パターンを形成する方法
2. 直間法　感光乳剤を塗布する代わりに、感光剤シートを貼り付けて露光・現像する方法
3. 間接法　感光剤シートの状態で露光・現像した後、枠に張った紗に貼り付ける方法

の3つがある。このように開口部を作ったスクリーンをワークの上に保持し、スクリーン上に置いたインキをスキージで移動させ、スクリーン上で転がしながら（「ローリング」させながら）、開口部を通してワーク上に落とし込むのがスクリーン印刷の原理である（図1.5、図1.6および第2章の図2.38（p.105））。

メカニズムとしては、

1. ローリング　スキージの進行によりインキが版上を転がる（キャタピラーの動作に類似）
2. 充填　開口部にインキを落とし込み、インキで詰める
3. 版離れ　スキージが通りすぎて、版がワークより離れ、インキだけがワーク上に取り残される
4. レベリング　ワーク上に残ったインキの凹凸が、インキの特性により平坦化する。スクリーンの網目の跡はレベリングにより消滅する

の4段階を経て、印刷が完了する。

[*6]　Serigraphyのseri-とはラテン語のsericum（絹）より。古くは絹（シルク）の紗を用いていたことによる命名である（現在ではポリエステル製メッシュが主流）。

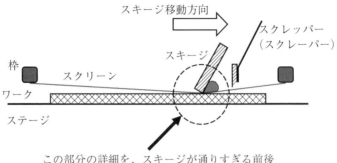

注：「スクレッパー」は英語の scraper の音訳であるので、「スクレーパー」が原音に近いが、印刷業界では慣用的に「スクレッパー」と呼ぶ。スキージで刷り終わった後にインキを開始位置に戻しながら、インキ膜をスクリーン表面に均一に薄く塗る働きをする。「インキ戻し」、「ドクター」とも呼ばれる。

図1.5　スクリーン印刷機の動作

　プリント配線板においては、片面基板のエッチングレジスト形成法としてスクリーン印刷法が使われている。またソルダーレジスト形成とマーキング印刷にもスクリーン印刷法が用いられている。また、樹脂による穴埋めにも、スクリーン印刷による落とし込み印刷法が用いられることがある。

　エッチングレジストを形成するのではなく、導電インキを用いて、スクリーン印刷で導体回路を直接形成する方法もある。導電インキとしては、カーボンペーストあるいは銀ペーストが用いられる。ポリエステルフィルム（PETフィルム）の上に導電インキで印刷した製品は、民生機器のメンブレンキーボードあるいはメンブレンスイッチとして大量に生産されている。

1.1.3　ドライフィルムフォトレジストの発明

　1970年前後にDuPont社のドライフィルムフォトレジストが市場に出て、プリント配線板の製造工程は一変した。

　それまでの液体フォトレジストは、プリント配線板のスルーホール（貫通穴）をマスクすることができなかったため、エッチングレジストの形成法とし

第1章 製造工程の概要

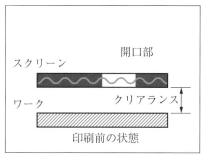

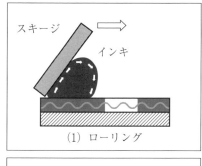
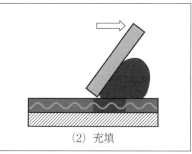
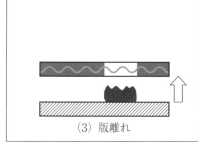
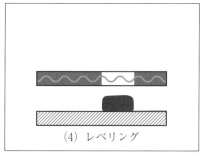

図1.6 スクリーン印刷のメカニズム

てはメタルレジスト法（反転形成法）を使っていた。すなわち、

ドライフィルム以前：

1. まず液体フォトレジストでめっきレジストを形成し、
2. めっきを行ってエッチングレジスト（めっきで形成した金属によるレジスト層）を形成し、
3. 1.で形成しためっきレジストを剥離して銅を露出し、

4. めっき金属は溶解しないが、銅は溶解するという選択性を持ったエッチング液で、露出した銅を除去する、

という二段階法でエッチングを行っていたのである。

これをドライフィルムフォトレジストは変えた。

ドライフィルム発明後：

1. フォトレジストでエッチングレジストを形成し、
2. レジストが無い部分（銅が露出した部分）をエッチング除去する

という単純明快な工程に変えたのである。フィルム状のフォトレジストであるから、ビア上に膜を張ってビアをエッチング液から守ることができるためである。このようにビア上に膜を張ることをテンティング（成膜）と呼び、この製法をテンティング法と呼ぶ。

テンティング法の導入は、エッチングレジストとしてはんだめっきを用いる工程（はんだめっきスルーホール基板およびはんだ剥離法銅めっきスルーホール基板）の衰退の引き金となった。

また、ドライフィルムには、パターンめっき用のめっきレジストとして用いた場合にも、レジスト厚を厚くできる（めっき厚よりも厚くできる）という利点がある。これにより、めっき層の横方向への成長（アウトグロース）がなくなり、微細回路へのパターンめっき法の優位性を実現した。

このドライフィルムフォトレジストの特許［文献3］の内容を見ると、基本的には、

1. 支持体フィルム上にフォトレジスト膜を形成しておいて、
2. ワークに貼り付け、
3. 支持体フィルムを通して露光した後に、
4. 支持体フィルムを剥がし、
5. 現像する。

という単純明快な特許である（単に、既知の転写塗布法を利用しただけだから、この発明に新規性はないのではないか、という意見もあったが、実際には各国で特許が成立している）。

DuPont社の出願する特許というのは、一般的に化学材料の特許が多く、他

社が同様の性質を持つ材料を開発することによってある程度競合できる場合も多かったが、このドライフィルムフォトレジストの特許［文献3］は同社としては珍しく製法・構造の特許であり、他社が類似品で追従することはまったくできなかった。アンチトラスト法（米国の独占禁止法）の規制対象になるのを避けるため、小規模な化学薬品会社1社だけにライセンス（特許実施権）を与えた以外は、ほぼ独占状態が特許の存続期間である20年間続いたのである。プリント配線板の歴史上、最強の特許であった。

1.1.4　ドライフィルムフォトレジストの概要

実際の工程に関しては、第2部で詳細に説明する。この項では感光材としてのドライフィルムフォトレジストの構造・組成・工程の基本的な事項を簡単に説明する。

(1) ドライフィルムフォトレジストの構造

ドライフィルムフォトレジストの構造はキャリアフィルム（支持フィルム）の上に感光剤が塗布され、その上に保護フィルムが設けられているという3層構造になっている。キャリアフィルムが外側になるように巻いて、ロール状で供給されている。図2.27（p.95）を参照。

キャリアフィルムは、露光時に感光剤全面を覆う形になるので、カバーシートとも呼ばれる。材質は二軸延伸PET[*7]フィルムが一般的である。DuPont社の商品名であるマイラー（Mylar）が用いられていた時代が長かったため、プリント配線板業界では「マイラーフィルム」が、慣用的に、ドライフィルムのキャリアフィルムを示すことも多い[*8]。

[*7] PETはポリエチレンテレフタラート（polyethylene terephthalate）の略。ポリエステルの一種である。有機化合物の正式な読み方には反するが、語尾の-ate部分のみを英語読みにして、ポリエチレンテレフタレートと表記する場合も多い。

[*8] キャリアフィルム剥がしをマイラー剥がしと称したり、その機械のことをマイラーピーラー（Mylar peeler）と称したりするのがその例である。

(2) ドライフィルムフォトレジストの組成

ドライフィルムフォトレジストの成分は、

1. 物理的性質を決める主成分であるバインダーポリマーと可塑剤(可塑剤は露光後も可塑性(柔軟性)を保持するために加える)、
2. 感光性を与えるための重合開始剤とモノマー(光エネルギーを重合開始剤が吸収し、そのエネルギーをモノマーに渡し、モノマーが重合(ポリマー化)する)、
3. 目視性を高めるため、ドライフィルムに色を付けるための染料と露光後のプリントアウト[*9]用色素、
4. 保存安定性を高めるための重合禁止剤(露光以外での意図しない重合反応を防止)、
5. 下地の銅との密着のための密着促進剤、

などからなっている。

(3) ドライフィルムフォトレジストの現像と剥離

ドライフィルムフォトレジストは、最初に商品化されたのは溶剤型であった。有機溶剤である1,1,1-トリクロロエタン[*10]で現像し、やはり有機溶剤であるジクロロメタン[*11](慣用名は塩化メチレン)で剥離するタイプである。

これに対して、有機溶剤を使わない水溶性タイプの製品(aqueous dryfilm)が1970年代に商品化され、1980年前後には転換が進んだ。炭酸塩水溶液などの弱アルカリ性現像液と、水酸化ナトリウム水溶液などの強アルカリ性剥離液を用いることから、アルカリ現像型ドライフィルムとも呼ばれる。

現像のメカニズムは、溶剤型ドライフィルムの場合には単純な溶解であったが、アルカリ現像型の場合には、乳化して、エマルション(乳濁液)として溶

[*9] プリントアウト性とは、露光後に露光部分が非露光部分と色で区別できるように発色する性質。感光性色素を加えて、この性質を持たせる。

[*10] 1,1,1-トリクロロエタンは、モントリオール議定書でオゾン層破壊物質とされ、現在は使用禁止にされている。

[*11] ジクロロメタンは発がん性のリスクが高く(IARCリストのGroup2A)、労働安全衛生法上の特別有機溶剤に指定されている。

解する形になる。エマルションであるから、スプレーポンプのインペラー部分あるいはスプレーノズルの噴射口部分のような狭い場所で、剪断（シアリング）力を受けるとエマルションが一部破壊され、槽内にレジストが沈殿付着することとなる。

　現像工程では、フォトレジストの未露光部分は完全に溶解し、露光部分は溶解せずに残るのが理想状態である。しかし、半溶解状態のレジストが、パネル表面から離脱はしたが溶解は進まず、現像液表面を漂っている場合がある。このような半溶解状態のフォトレジストをスカム（scum、元来の意味は「浮きかす、アク」）と呼ぶ。パネル表面に再付着すると、不良の原因になる。密着露光での密着不良や銅表面での反射など、露光量が不十分な場所があると、中途半端に光重合が進み、スカムが発生する。

　現像液としては炭酸ナトリウム無水塩（Na_2CO_3）あるいは炭酸ナトリウム一水塩（$Na_2CO_3・H_2O$）の水溶液がよく用いられる（無水塩のモル質量は約106 g/mol、一水塩は124 g/molであるから、必要に応じて換算をする）。

　炭酸カリウム（K_2CO_3　モル質量138.2 g/mol）の水溶液を用いる場合もある。炭酸カリウムは水への溶解度が高い[*12]ことを利用し、あらかじめ補充・建浴用の濃縮液として溶かして保存しておくことができる。現像液の濃縮液として流通もしている。

　標準的な現像液の濃度はNa_2CO_3（無水塩）換算で0.7～1.0 wt％程度であるが、ドライフィルムの種類や使用する製品仕様によっても推奨濃度が異なる。

　剥離のメカニズムは、溶剤型ドライフィルムでは単純な溶解あるいは微細な断片として剥離する形であったが、アルカリ型の場合には、樹脂を膨潤させて、銅との密着力を失わせ、脱離させるというメカニズムである。したがって、剥離といっても溶解はせず、元の形を保ったまま浮いてきて（リフトして）、物理的に分断されて小さくなってゆくという形の反応である。この剥離片がスプレーノズルに詰まることがないように、専用の分離濾過装置によって系外に排出する必要がある。

[*12]　炭酸ナトリウムの溶解度22 g/100 mL（20℃）に対して、炭酸カリウムは112 g/100 mL（20℃）とおよそ5倍の溶解度を有する。

剥離液には水酸化ナトリウム（NaOH 苛性ソーダ）水溶液あるいは水酸化カリウム（KOH）水溶液を用いる場合が多い。標準的な濃度は水酸化ナトリウム水溶液で 1.0～4.0 wt％程度である。水酸化ナトリウム以外にも、エタノールアミンのようなアルカリ性有機物が単独で、あるいは添加物として用いられている。また、銅とレジストの間に侵入してレジストを浮かせる機能のために界面活性剤成分を含む剥離液も実用化されている。

(4) 次世代型ドライフィルム

1980 年代に、ドライフィルムフォトレジストの開発元である DuPont 社は新世代のドライフィルムを発表した。ラミネーター・露光機が一体になった自動化システム（商品名：I-System）として提供されたこの新システムに使うドライフィルムは、従来の 3 層構造（保護フィルム＋感光剤＋キャリアフィルム）ではなく、保護フィルム無しの 2 層構造であり、密着促進溶液を感光剤と銅張積層板の間に塗布してドライフィルムを貼り付ける工程となっていた［文献7］。

ただし、このシステムが普及することはなかった。

一部の技術は別の用途で応用されることもあった。例えば、水溶液を塗布してラミネートする技術は、後年ウェットラミネーション技術（水でワーク表面を濡らしてドライフィルムレジストをラミネートする技術）として応用された。

1.1.5 微細化への対応

エレクトロニクス機器は小型化・高機能化が急速に進んでいて、それに呼応してプリント配線板の高密度化も進んでいる。単位体積当たりの配線量を増やすために、多層配線板の層数は増え、Z 方向の配線を増やすためには穴数が増えるとともに穴径の微細化（マイクロビアの増加）が進んでいる。XY 方向の配線を増やすために、導体の微細化（導体幅と導体間隙の減少）が進んでいる。

微細化の進行の例として図 1.7 にビルドアップ多層プリント配線板の導体仕様の予測を示す（JPCA ロードマップ［文献8］より）。

このように微細化が進んでくると、導体幅および導体間の距離（導体間隙）が細かくなり、エッチング法による製造では限界が見えて来た。

第1章 製造工程の概要

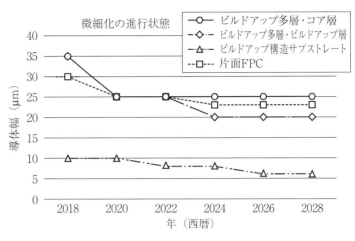

図 1.7 微細化の進行予想（JPCA ロードマップより）

【グラフの解説】
　ここでは 2019 年 6 月に発行された JPCA のプリント配線板技術ロードマップのデータを元にした。このロードマップは、プリント配線板をリジッド配線板、フレキシブル配線板、サブストレート、機能集積配線板に大別し、それらをさらに層数や構造で細分化して、それぞれの動向の予測を行っている。また、各予測は難易度で 3 クラス（クラス A、B、C）に分けている。ただしサブストレートではクラスを HP（High Performance）、Basic、S&T（Small & Thin）に分けている。図 1.7 ではクラス B（難易度「中」：先端量産品）を示した。ただしビルドアップ型サブストレートではクラス Basic を示した。

【用語解説】
導体幅、導体間隙と導体ピッチ
　プリント配線板を設計する時に用いる配線ルール、および微細化の進行度合いを示すパラメーターとして、最小導体幅、最小導体間隙、最小導体ピッチの 3 つが用いられる。導体幅（conductor width）は一つの導体の幅を、導体間隙（conductor spacing）は導体と隣の導体の間の絶縁部分の幅を、導体ピッチ（conductor pitch）は一つの導体の中心線から隣の導体の中心線までの距離を示す。導体ピッチ＝導体幅＋導体間隙の関係がある。

> 導体幅と導体間隙からなる組を L/S と称する。L は line width、S は line spacing の頭文字である。例えば L/S＝35/35（μm）のように使う。
> 導体ピッチの他に、パッドピッチという用語も用いられることがある。表面実装パッケージ用のはんだ付けパッドの配置ルールを示すことばである。
> プリント配線板の微細化の進行のことを「狭ピッチ化」と呼ぶことがある。

　いままでの説明したエッチング法による配線パターン形成は、基本的に不必要な銅をエッチングにより除去する方法であり、そのため「サブトラクティブ工法」（subtractive process）すなわち減算法と呼ばれている。

　サブトラクティブ工法に対してアディティブ工法（additive process）という方法もある[*13]。これは必要な配線の部分にだけ銅めっきで回路を作成する方法である。必要な配線パターンの部分だけにめっきをすることから、このようなめっきをパターンめっきと呼ぶ。

　エッチング法（サブトラクティブ法）による配線形成は、サイドエッチ（エッチングが深さ方向だけではなく横方向（水平方向）にも進行する現象）の悪影響のため、微細配線（銅厚に比べて導体の幅・間隙が小さい配線）に対しては限界がある。

　パターンめっき法はこのような限界がない（**図 1.8**）ため、微細配線が必要なところでは多く採用されている。半導体パッケージ用のプリント配線板のような領域である。

　パターンめっき法の場合の一般的な回路形成工程は次のようになる（ドライフィルムフォトレジストを想定し、フォトツールを用いた露光法で説明する）。

1. ドライフィルムフォトレジストを、ポリエチレンの保護フィルムを剥がしながら、ワーク表面に貼り付ける（ラミネート[*14]する）。

[*13] 3D プリンターによる製品の製造をアディティブマニュファクチャリングと称しているが、考え方は同じである。

[*14] ドライフィルムを貼り付けることを意味する用語は「ラミネートする」（laminate）である（名詞は「ラミネーション」（lamination））。英語では同じ単語 lamination であるが、多層基板あるいは銅張積層板のプレス積層を意味する場合、日本語では「積層」という用語を使う。

第 1 章　製造工程の概要

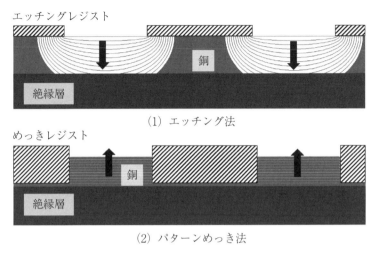

図 1.8　エッチング法とパターンめっき法

2. 表面にフォトツール（配線パターンを描いた写真フィルム）を配置し、PET フィルム（キャリアフィルム）を通して紫外線露光する。このときポジパターンのフォトツールを使用する。
3. 光を受けた所（配線部分）は感光性材料の重合が進み、この部分のみ耐薬品性が向上する。
4. PET フィルムを剥がす。露光されたレジスト材だけが表面に残る。
5. 現像液を表面に噴射して、未露光部分を溶解除去する。配線以外の部分にレジスト（＝めっきレジスト）が残り、配線部分が露出する。
6. 露出した部分にパターン電気銅めっきにより銅配線を形成する。
7. （オプション：メタルレジスト法の場合）さらに配線上に別の金属（＝エッチングレジストとなる金属）を続けてめっきする。
8. レジスト剥離液を表面に噴射して、役割を果たしためっきレジストを剥離除去する。
9. エッチング液を表面に噴射あるいはエッチング液中に浸漬し、配線以外の部分の銅層を溶解除去する。
10. （オプション：メタルレジスト法の場合）メタルレジスト剥離液を表面に噴

射してエッチングレジスト金属を溶解除去する。

パターンめっき法のうち、銅張積層板ではなく表面に銅箔がない積層板を用いる工法をセミアディティブ法（SAP＝Semi-Additive Process）と呼ぶ。また銅箔の厚さが極端に薄い場合（キャリア付き銅箔を用いるか、銅箔を均一エッチングする工程を追加するかのどちらか）の工法をMSAP法（Modified Semi-Additive Process）と呼ぶ（**表1.1**）。

エッチング法とパターンめっき法のプロセスを、両面プリント配線板の例で、図1.9と図1.10に示す。

表1.1 パターンめっき法の種類

レジストの有無	呼　称	下地めっき	備　考
メタルレジスト法（注1）	はんだめっきスルーホール基板	銅箔＋無電解銅めっき（あるいは無電解銅めっき＋電気銅めっき）	レジスト金属にはんだ（錫合金）を使いそのまま表面被覆として製品に残しているもの（注2）。
	はんだ剥離法銅めっきスルーホール基板		レジスト金属であるはんだ（錫合金）をエッチング後に剥離しているもの（注2）。
レジストレス工法	MSAP法	銅箔（極薄銅箔あるいは銅箔をエッチングにより薄銅箔化したもの）＋無電解銅めっき（あるいは無電解銅めっき＋電気銅めっき）	MSAPはmodified semi-additive processの略。なお銅箔上のめっきが無電解銅めっきだけのものを特に区別してAMSAPと呼ぶこともある。
	セミアディティブ法	（銅箔なし、場合により接着剤層）＋無電解銅めっき（あるいは無電解銅めっき＋電気銅めっき）（注3）	本来は、フルアディティブ法の難点である無電解銅めっきの困難さを避けて、電気めっきを採用したプロセスであった。

注1：メタルレジスト法は、古くはパターンめっき法の他にエッチング法（サブトラクティブ法）でも用いられていたが、現在はパターンめっき法のみである。
注2：メタルレジスト法でレジストに使われるはんだめっきには錫鉛合金（はんだ）が用いられていたが、鉛への環境規制のため、現在は鉛の入っていない錫めっきを使う場合が多い。
注3：セミアディティブ法の下地めっきを「シード層めっき」とも呼ぶ。シード層（元来は半導体用語）というのは、絶縁層の上に電気めっきを行うために表面に形成する導電性皮膜（電気めっきの給電用皮膜）のことである。

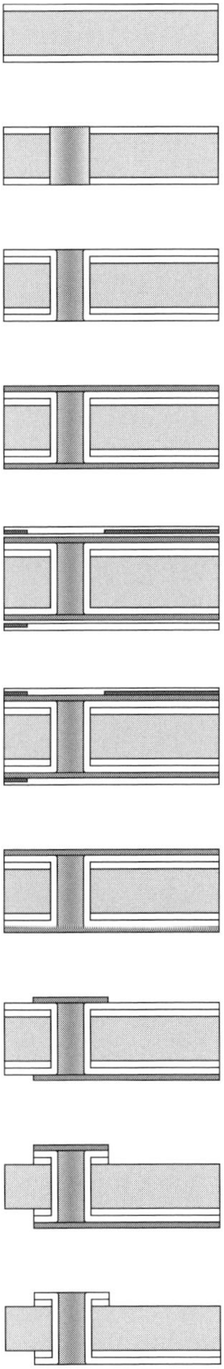

第1章 製造工程の概要

銅張積層板
表面に銅箔
(多層板の場合は内層回路入り銅張積層板)

穴あけ：
貫通穴を NC 穴あけ機で作成。

銅めっき：
板全面と孔内に銅めっき。
無電解銅めっき＋電気銅めっき。

感光材貼り付け（塗布）：
ドライフィルムフォトレジストあるいは液体レジストによる感光材層の形成。穴を覆って成膜（テンティング）。

フォトツール配置：
銀塩フィルムのフォトツールを表面に密着させる。
(直接描画法の場合は不要)

露光：
UV(紫外線)露光。キャリアフィルムを透過して露光する。

キャリアフィルム剥離：
露光後にドライフィルムの感光剤を表面に残して
キャリアフィルムを剥離する。

現像：
弱アルカリ性現像液（炭酸ナトリウム・炭酸カリウムなど）で未露光部分を除去。エッチングレジストを形成。

エッチング：
露出された非回路部分の銅を除去。塩化第二銅、塩化第二鉄などを主成分とするエッチング液が一般的。

レジスト剥離：
エッチングレジストを剥離。水酸化ナトリウム溶液あるいはアミン系剥離液など。

図 1.9　製造工程：エッチング法の回路形成プロセス

43

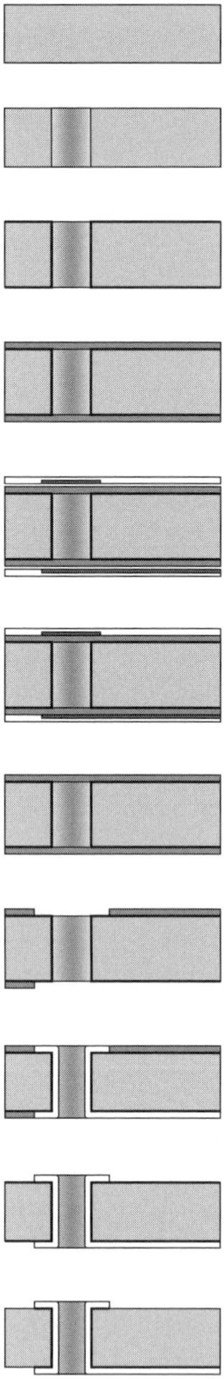

| サポートウェブサイトではスライドショーによる説明があります |

積層板（銅箔なし）

穴あけ：
貫通穴をNC穴あけ機で作成。（プレス穴あけも可能。銅箔がないためプレス穴あけは容易である）

銅めっき：全表面と孔内に無電解銅めっき、または無電解銅めっき＋電気銅めっき。（このような『電気めっきするための導電性付与のためのめっき』をシードめっきと言う）

感光材貼り付け（塗布）：
ドライフィルムフォトレジストあるいは液体レジストによる感光材層の形成

フォトツール配置：
銀塩フィルムのフォトツールを表面に密着させる。
（直接描画法の場合は不要）

露光：
UV（紫外線）露光。キャリアフィルムを透過して露光する。

キャリアフィルム剥離：
露光後にドライフィルムの感光剤を表面に残してキャリアフィルムを剥離する。

現像：
弱アルカリ性現像液（炭酸ナトリウム・炭酸カリウムなど）で未露光部分を除去。めっきレジストを形成。

パターン銅めっき：
表面のパターン部分と孔内に電気銅めっき。

レジスト剥離：
めっきレジストを剥離。水酸化ナトリウム溶液あるいはアミン系剥離液。

エッチング：非回路部分の銅を除去する。膜厚差・溶解しやすさによるエッチング（ディフェレンシャルエッチング）。エッチングレジストは使用しない。

ここでは各種パターンめっき法の中からセミアディティブ法の工法を図示した。

図1.10 製造工程：パターンめっき法の回路形成プロセス

1.2 回路形成

1.2.1 XY方向の配線とZ方向の配線

プリント配線板の相互接続構造としては、各層における銅配線パターンによるXY方向(水平方向)の接続と、ホール(穴または孔)あるいはポスト(柱)によるZ軸方向の接続が組み合わされた形が採用されている。XY方向は板の面方向、Z方向は各層を接続する方向である(層内接続と層間接続)。

ホールによる接続とは、絶縁層に穴をあけ、孔内全体あるいは孔壁に導電層を形成する方法であり、ポストによる接続とは先に導電層の柱を形成しておき、その後に絶縁物質の層を形成する方法である。導電層と絶縁層のどちらが先にできるかの差である。現実にはホールによるZ軸接続が圧倒的に多いが、ポストによる接続を用いた工法(東芝のB^2ITなど)も量産品で実用化された実績がある。

【解説:ビアホールの種類】

プリント配線板のホールには挿入型部品を取り付けるための部品穴(Component Hole)とZ軸方向の相互接続をするためのビアホール(Via Hole)がある。ビアホールは単にビアと呼ばれることが多い[15]。部品穴とビアホールを区別する必要がないときには単にホールと呼ばれる(ちなみに、ポストによるZ軸接続の場合は、接続のためのポストであるからビアポストと呼ばれる)。

ビアは構造上から3種類に分けられる。
- 表面層(表)と表面層(裏)を接続する貫通ビア(スルービア=through via)、
- 表面層と内層を接続するブラインドビア(blind via)[16]、
- 内層相互を接続する埋め込み型ビア(ベリードビア=buried via)、

---

[15] viaは「を経由して、を通って、道」の意味の単語であり、その穴を経由して電気的接続を取ることを意味する。特許文献などでは「経由孔」という訳語が用いられることもある。

[16] いわゆる「盲穴(めくらあな)」であるが、この用語は身体障害者に対する差別用語とみなされるため、いまは用いられていない。ブラインドという語もその語感を嫌って、サーフェスビア(surface via)と言い換える場合もある。

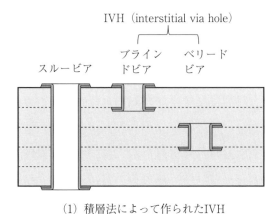

(1) 積層法によって作られたIVH

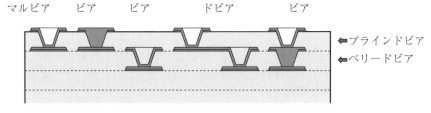

(2) ビルドアップ法によって作られたIVH（マイクロビア）

図 1.11　各種のビア

の3つである。このうちブラインドビアとベリードビアの2種を合わせた総称として IVH（interstitial via hole）[*17] と呼ぶ場合がある（**図 1.11** を参照）。

1.2.2　配線パターン形成の方法
(1) エッチングレジスト形成方法

　1.1.3項で記述したように、ドライフィルム発明前の、液状フォトレジストを用いていた時代のエッチングレジストの形成法には2種類があった（**図 1.12**、**図 1.13**）。

[*17]　IVH（interstitial via hole）を inner via hole とするのは誤用である。

第1章　製造工程の概要

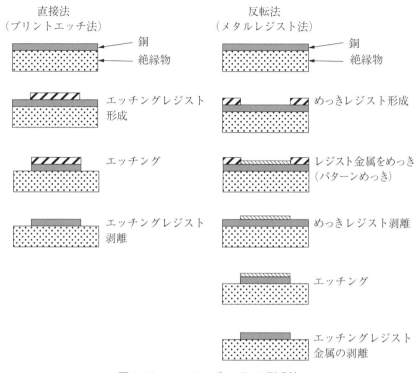

図1.12　エッチングレジスト形成法

1. 直接形成法：フォトレジストを露光現像し、配線部分にエッチングレジストを直接形成する方法。この方法による製造法は、「プリントエッチ法（print and etch process）」[*18]とも呼ばれる。
2. 反転形成法：フォトレジストを露光現像し、非配線部分にめっきレジストを形成し、パターンめっきによって銅以外の金属を配線部分にめっきし、めっきレジストを剥離する方法。めっきされた銅以外の金属がエッチングレジストとなる。この方法は「メタルレジスト法」あるいは「金属レジスト法」とも呼ばれる[*19]。

---

*18　英語の用語にはandがあるが、日本語の用語としては「アンド」は入れない。
*19　反転形成法でも、めっき金属を使わず、パターンめっきの替わりに銅上の防錆皮膜を利用するプロセスも提案されたことがあったが、普及はしなかった。

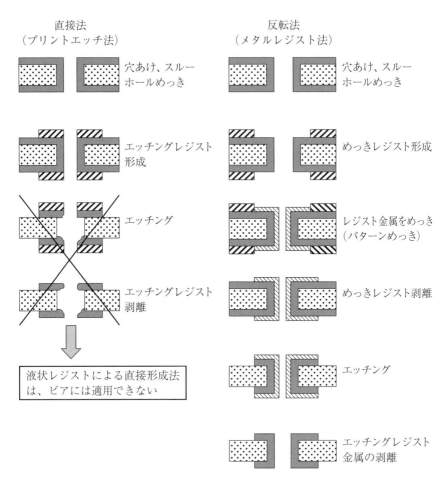

図1.13 エッチングレジスト形成法（ビアあり）

　液状レジストは、直接形成法を用いるのは片面基板あるいは多層基板の内層板のようなビアホールを持たない基板に限られていた。当時の液状フォトレジストではビアホールにエッチングレジストを形成できなかったからである（ただし、「穴埋め法」という例外はあった。p.50のコラム参照）。
　この「2. 反転形成法」には「パネルめっき法」と「パターンめっき法」があった。ドライフィルムフォトレジストが発明される前の、1967年に出版されたプリント回路の技術図書［文献9］を見ると**図1.14**のような工程図が示されて

第1章 製造工程の概要

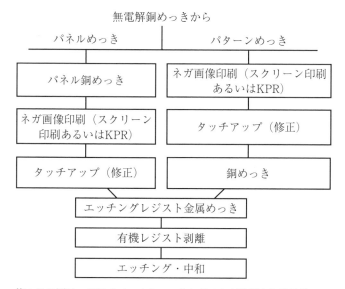

図1.14 パターンめっき法とパネルめっき法

いる。レジスト金属のめっきはパターンめっきで行うことは共通であるが、その前の銅めっきをパネルめっき（パネル全面にめっき）にするか、パターンめっきにするかどうかの差である。めっきレジスト形成を銅めっき後（レジストめっき前）に行うか、銅めっき前に行うかの差である。

　ドライフィルムフォトレジストの発明・普及以降、ビアホールがある場合でも穴の上にフォトレジストを成膜することが可能となったため、「1. 直接形成法」が主流となる。「2. 反転形成法」は「パターンめっき法」との組み合わせの場合のみが引き続き使われることとなり、パネルめっきとの組み合わせはドライフィルムによる「テンティング法」により駆逐された（図1.15）。

49

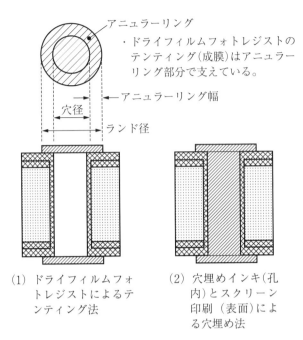

図1.15 ビアへのエッチングレジスト形成法（テンティング法と穴埋め法）

コラム　穴埋め法

　ドライフィルムによるテンティング法により、片面基板でしか用いられていなかった直接法（「プリントエッチ法」）が両面基板あるいは多層基板のエッチングに用いることができるようになった。ただし、ドライフィルムは材料とプロセス装置が高価であり、片面基板で多く用いられていたスクリーン印刷によるレジスト形成よりはかなりコストがかかる工程となってしまう。そこで、ドライフィルムの安価な代替法として考案されたのが「穴埋め法」である。1970～1980年代ころに普及した方法であり、今は用いるところは少ない。

　ドライフィルムフォトレジストは、孔内の銅めっきをエッチングから守るために穴の入口に成膜してエッチング液が孔内に入らないようにしている。それに対して、穴埋め法では孔内に穴埋めインキを詰めて孔内の銅めっき層を守っている（図1.15）。

　工程は、
1. 銅めっき（スルーホールめっき）により孔内に（およびパネル表面にも）銅層を形成する。

2. 孔内にインキを充填し、硬化させる。
3. 穴から表面にはみ出したインキを研磨で除去する。
4. スクリーン印刷でエッチングレジストを表面に印刷し、硬化させる。
5. 非回路部分に露出した銅をエッチングで除去する。
6. レジスト剥離液により、レジストインキと穴埋めインキを除去する。

となる。

　レジストインキと穴埋めインキはアルカリ剥離型（水酸化ナトリウム水溶液で剥離するタイプ）のものが多い。水溶液での剥離性を良くするために、基本的に穴埋めインキは耐水性が高くない。そのため、穴埋め後の研磨には、水を使わない乾式研磨を用い、水洗乾燥も避ける工程が採用されている。

　穴埋め法の穴埋めインキはエッチング後に剥離するインキであり、ビルドアップ多層基板のベースビア（ビルドアップ層をこの上に形成する、ベースになる層に設けたビア）の穴埋めに使うインキ（最終製品まで残るインキ）とは、同じ「穴埋め」でも性質が大きく異なる。

　穴埋め法には、片面基板から両面基板に進出するプリント配線板メーカーにとって、銅めっき工程と穴埋め工程さえ外注すれば、片面基板のノウハウと製造設備を生かして参入できる、という利点があったため一時期ポピュラーな工程となった。

（2）アディティブ法

　工法の分類には、サブトラクティブ法とアディティブ法に分ける分類法もある。

　サブトラクティブ法は、銅張積層板から出発し、全面に張られた銅箔、およびめっきで全面に形成された銅層のうち不必要な部分を薬品で溶解除去して、必要な導体パターンを残すという製造方法である。サブトラクト（subtract）は「減算する」という意味であり、余分な銅箔・銅めっき層を除去して導体パターンを形成することからこの名前が付いている。上記のプリントエッチ法はこの方法と同じ意味である。

　アディティブ法は、銅箔の無い積層板（触媒入り積層板または接着剤付き積層板を使う場合もある）から出発し、所要の導体パターン部だけに金属（銅）を析出させて導体を形成するという製造方法である。アド（add）は「加算する」という意味であり、必要部分のみに導体材料を付加することにより導体パ

ターンを形成するのでこの名がある。導体パターンの形成には主として無電解銅めっきが使われる。

「必要部分に導電材料を付加（add）する」という意味では、上記の「反転形成法・パターンめっき法」は導体部分のみにめっき（電気銅めっき）を行っているから、アディティブ法を取り入れた方法であると言うことができる。

アディティブ法の普及がなかなか進まなかったのは、
- 無電解銅めっきによるスルーホールめっきの信頼性および生産性に問題があったこと、
- 絶縁層と銅めっき層との間の密着性を向上するのが難しかったこと、

などが原因であった。そこで、無電解銅めっきをやめて電気銅めっき（パターンめっき）を取り入れた方法が考案され、「セミアディティブ法」（semi-additive process）として提案された（「セミ」とは「半分」の意味。アディティブ法にサブトラクティブ法のめっき手法を取り入れた中間の技術という意味である）[20]。

この「セミアディティブ法」は上記の「反転形成法・パターンめっき法」とほぼ同じ工法である。本書ではこれらを全て「パターンめっき法」として扱う。

1.2.3　エッチング法とパターンめっき法

パターンめっき法（ここで言うめっきとは電気銅めっきの意味である）はパターンめっきする前の下地（電気めっきのための電導性下地）の形成法によっていくつかの種類に分けられる。

1. 銅箔＋無電解銅めっき＋電気銅めっき
2. 銅箔＋無電解銅めっき＋フラッシュ電気銅めっき
3. 銅箔＋無電解銅めっき
4. 薄銅箔＋無電解銅めっき＋フラッシュ電気銅めっき
5. 薄銅箔＋無電解銅めっき

---

[20] セミアディティブ法に呼応して、本来のアディティブ法は「フルアディティブ法」（Fully additive process）と呼ばれるようになった。

表1.2 各製造方法の微細化への対応比較表

項目	パターンめっき法	エッチング法	説明
エッチング厚	薄い…有利（セミアディティブ法のように薄い方がより有利）。	厚い…不利。	サイドエッチによる導体の細りが微細化を阻害する。
電気めっき厚の分布	悪い（穴径分布も悪くなる）。対策が必要。	良い。	回路疎部への電流集中現象によりめっき厚分布が悪くなる。
画像形成	めっきレジスト（厚さと良好な側壁形状が不可欠）。	エッチングレジスト（厚さは不要）…材料選択上は有利。	めっきレジストの厚さはめっき厚以上が必要。ドライフィルムフォトレジストに限られる。
ランド微細化（アニュラーリング幅減少）およびランドレス設計への対応	容易。	ドライフィルムテンティング法では限界あり。	テンティングはアニュラーリング部で物理的に支持する構造のため、アニュラーリング幅が必要。

6. （銅箔なし）無電解銅めっき＋フラッシュ電気銅めっき
7. （銅箔なし）無電解銅めっき

ここで、フラッシュ銅めっきとは薄い電気銅めっきのこと、薄銅箔とは、銅箔を全面エッチングで薄くしたものあるいはキャリア付き銅箔である。

上の一覧のうち、1.～3. がはんだ剥離法などのメタルレジスト法、4.～5. が MSAP、6.～7. がセミアディティブ法（SAP）である。なお、4. を MSAP、5. を AMSAP と細かく分類する場合もある［文献10］。

パターンめっき法とエッチング法の比較を**表1.2**に示した。

微細化の観点から、パターンめっき法が大きく有利になるのは導体幅／導体間隙（L/S）が 35 μm/35 μm あたりより微細なエリアである。

【用語解説】

キャリア付き銅箔：

　銅箔は薄くなればなるほど扱いが難しくなり、シワや折れを発生させずに単体で扱えるのは 7 μm 程度までである。それ以下の厚さの銅箔はキャリア箔の上に保持された状態で供給され、絶縁層（プリプレグ）との積層後にキャリア箔が除去される。このような銅箔をキャリア付銅箔と呼ぶ。2～5 μm の厚さのものが市販されている。このような薄い銅箔を極薄銅箔（UTC＝ultra thin copper foil）とも呼ぶ。

1.3　回路パターン構成単位の寸法と位置の管理

1.3.1　位置合わせの技術

　プリント配線板のパターン形成において、回路パターンをどれだけ設計値に忠実に再現できるかが重要である。ここでの設計値には、回路パターンの個々の素子（feature、例えばパッド（ランド）、ライン、穴など）の寸法とその位置が含まれる。

　位置合わせ（アライメント）が設計通りにならないと、次のような不良が発生する可能性がある。

- スルーホールのランドと穴との位置ずれによりランドの一端が切れてしまい（ランド切れ、座切れ）、極端な場合には導通不良（オープン）になる。
- ラインと穴との間隙が設計値より近接してしまい、絶縁不良が起こる。極端な場合にはショート（短絡）不良になる。
- レーザー穴あけのターゲット・パッド（レーザー穴あけがそこで止まるはずのパッド）が位置ずれを起こし、レーザー穴が次の層に近接してしまい、絶縁不良あるいはショートが起こる。

位置合わせの手法は主に次の2種である。

1. 位置合わせ穴（registration hole）による方法
2. 位置合わせランド（パッド）その他の位置合わせマークによる方法

その他に板材のコーナーを挟んだ2つの端面で位置決めする方法（突き当て法）もあるが、プリント配線板の場合にはあまり用いられていない。

これらの方法は、例えば、

- 位置合わせランドを元にして、あるいは位置合わせマークを狙って、穴あけにより位置合わせ穴を形成する、
- 位置合わせ穴によりフォトツールの位置決めをして、位置合わせランドをフォトリソグラフィーで形成する、

のような形で相互に変換可能であるが、このような作業のたびに位置合わせ誤差が積み上がって行く。

1.3.2 寸法変化と位置合わせ

ワークやツールなどの板状のものの位置合わせ方法として、最低2点の基準点があればよい（**図 1.16**）。

位置合わせしたい板材に充分な剛性があり、変形が少ない場合には2点で充分であるが、ピンラミネーション法による多層積層工程のような、樹脂が融解し、横向きの樹脂流れによる力が加わるような場合には2点以上の位置合わせ穴を用いてガッチリと押さえ込む方法も用いられている（**図 1.17**）。

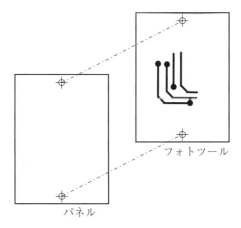

図 1.16　基準穴とピンによる機械的位置合わせ

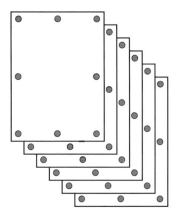

図 1.17　多数の穴とピンを使用した多層積層の位置合わせ
　　　　（ピンラミネーションの例）

　注：多層積層工程とは、基材（紙、ガラスクロスなど板に剛性を与えるための強化材）に未硬化の樹脂材料を染み込ませたシート（プリプレグ）と内層回路を形成した薄いプリント配線板（内層コア材）を複数枚重ね、表面に銅箔を置き、積層プレスにより高温高圧を加えて一体化させる工程である（図 1.20 参照）。

プリント配線板の材料である銅張積層板は金属材料に比べて寸法変化が大きい。したがって 2 点の位置合わせ穴を用いて固定する時、パネル側の位置合わせ穴のピッチと固定具側のピッチが合わず、位置合わせができない可能性がある。

　例えば、機械式穴あけ機へパネルを固定する（通常複数枚のパネルを積み重ねたスタックを固定する）場合には、パネルの位置合わせ穴に金属製のピンを打ち、このピンを穴あけ機側の穴に固定する方法が一般的である。このとき機械側の固定穴の片方を長穴にすれば、パネル側の寸法変化を吸収することができる（図 1.18 の穴 B）。この場合、基準穴 A を原点として、基準穴 B は A を中心とした回転の角度を合わせる固定法（極座標での固定）となる。

　この方法を発展させて、すべて長穴（スロット）で位置合わせをする方法も提案されたことがある（図 1.19）。

第1章 製造工程の概要

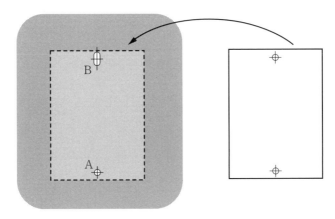

図1.18 長穴（スロット）による位置合わせ（寸法変化の吸収）

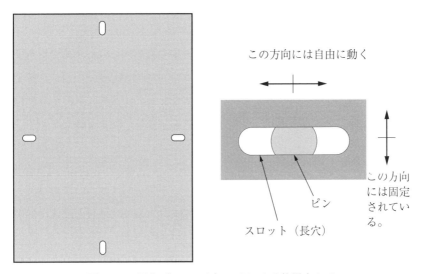

図1.19 長穴（スロット）のみによる位置合わせ

　上のように機械的固定で位置決めする方法は、寸法変化の大きい有機材料からなるプリント配線板の場合、あるいは寸法変化のあるプラスチックフィルムを使用したフォトツールの場合は、正確性・再現性に限界がある。すなわち寸法の若干異なる2つの物体（例えば基準穴を設けたフォトツール（フィルム）

と基準穴にピンをたてたパネル）を無理して入れると、フォトツールの基準穴が変形して合わせ誤差が拡大する。

精密な位置合わせが必要な場合には、物理的な嵌め合わせ法ではなく、光学的手段で両者の位置を測定し、両者の位置がうまく合うようにステージを自動的に動かす方法が用いられている。例えばパネルの露光工程では、カメラでパネル側の基準穴または基準マークの位置を測定し、フォトツール側の基準マークの位置を測定し、両者がうまく合うように（誤差が均一に分散するように）フォトツールの位置を調整して密着させ、露光するという方法である。

1.3.3　プリパンチとポストパンチ

多層配線板の内層回路パターンの位置および穴あけ位置を合わせるための方法としてプリパンチ法とポストパンチ法がある。ここでのパンチとは簡易プレスによる板材への基準穴あけのことである。

プリパンチ法とは、あらかじめ内層となる銅張積層板に位置決め穴をあけて（パンチして）おき、その位置決め穴を用いて、内層回路パターン形成、多層積層の層間固定、外層回路の形成などを行う方法である。最初にあけた穴を以降の全ての工程で用いる方法で、多層積層はピンラミネーション法を用いる。この方法はいわば最初に絶対的な座標を決めておき、それに従って以降の工程を進める方法である。

ポストパンチ法とは、まず内層回路パターンを形成してから、そのパターン形成で作られた位置合わせランドを狙って穴あけにより位置合わせ穴を形成し、その穴によって位置決めして穴あけ・あるいは外層パターンを形成し、というように順番に追ってゆく方法である。パターン形成してからそのパターンに従って次の工程の位置決めを行う、あるいは穴あけしてからその穴を基準に次のパターン形成を行うというような順次基準の方法である。

現在は位置決めにはポストパンチ法（順次基準法）を用いている場合が多い（注：実際にはパンチをせず、光学的手段で位置決めしていても、順次基準で位置決めする場合が多い）。

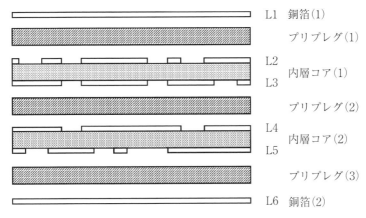

注：L1、L2…は第1層、第2層…を表す。
図1.20　多層積層の層構成

1.3.4　ピンラミネーションとピンレスラミネーション

　多層プリント配線板の多層積層では、層間の位置合わせ、正確には内層コア材同士の位置合わせが必要になる。例えば図1.20は6層の多層プリント配線板のレイアップ（重ね合わせ）の構成例である。第1層と第6層は表面層であり銅箔を配置する。内層コア材（1）は第2層と第3層を、内層コア材（2）は第4層と第5層を構成し、あらかじめ内層工程で回路形成が終わっている。これらの間にプリプレグを挟み、多層積層する。その時位置合わせが必要なのは、内層コア材（1）と内層コア材（2）の間の位置関係である（第2層・第3層間のような内層コア材の表裏での位置合わせはすでに内層工程で終わっている）。

　内層コア材同士をピンで固定しながら積層する手法が、ピンラミネーションである。内層コア材同士の位置を合わせ、板端近傍で加熱接着して固定してから積層する手法がピンレスラミネーションである。この位置合わせにはピンを使う場合、あるいは内層コア材上の基準マークをカメラで読み取って位置合わせする場合などがある。位置合わせにピンを使う場合でも固定したあとはピンを外すから、ピンレスラミネーションである（加熱接着法が普及する前は、板に設けた穴（基準穴）をハトメで止めて固定する方法もあった）。

　なお、これからわかるように4層の多層板では内層コア材が1枚しかないか

ら、多層積層時には位置合わせは不要である。したがって、4層ではピンラミネーションは不要である。

【用語解説】
マスラミネーションとピンレスラミネーション：
　プリント配線板の材料メーカーが、自社の銅張積層板製造用の大型の積層プレスを用いて、4層のプリント配線板の積層工程を大量に引き受ける事業を手がけていた時代があった（現在では、ほとんどの材料メーカーはこのビジネスからすでに撤退している）。この事業は大型プレスで大量に積層することから「マスラミネーション」と呼ばれていた。このビジネスでは、4層基板が主な製品であることや、多数の内層コア材を一面に配置することなどから、ピンレスラミネーション方式を用いていた。このため、慣用的にピンレスラミネーション方式のことをマスラミネーション方式と呼ぶ場合がある。ただし、本来の意味から言えば、ピンを使わない積層方式はピンレスラミネーション方式と呼び、積層板メーカーが配線板メーカーの委託を受けて大量に積層するビジネスをマスラミネーションと呼ぶのが正しい。

ピンレスラミネーションとピンラミネーションの位置精度を比較すると、図1.21のように、位置ずれの傾向に明らかな差が認められる。ピンラミネーショ

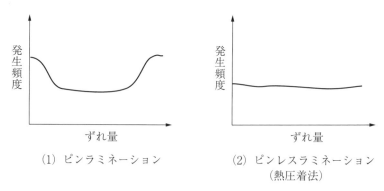

図1.21　ピンラミネーションとピンレスラミネーションの位置精度の比較

ンは位置ずれの小さい領域と大きい領域でのずれ発生頻度が高く、ちょうどバスタブ曲線のような傾向が得られるのに対して、ピンレスラミネーションでは頻度は一様である（ここでのピンレスラミネーションは、熱圧着により複数の内層コア材を位置決め固定した場合である）。

これはピンによる位置決めでは、ずれの小さい領域では基板上の固定穴が比較的変形しやすいこと（ガタによるずれ）、そしてずれがある閾値を超え大きな領域では固定穴が塑性変形してしまい固定力を失ってしまうこと（破断によるずれ）を意味しているようである。熱圧着によるピンレスラミネーションの方が、ずれには強いことを示している。

1.4　フォトリソグラフィーの応用

フォトリソグラフィーは回路パターン形成以外の工程にも使用されている。この節ではその例として、ソルダーレジスト、マーキング印刷、レーザー穴あけに関して解説する。なお、このうち、ソルダーレジストに関しては第2部各論でも詳細に解説する（第4章参照）。

1.4.1　ソルダーレジスト

ソルダーレジスト（solder resist、SRとも略される）は、基板上のはんだ付けする部分以外をカバーして、不要な部分がはんだと接触しないようにするための保護膜である。はんだ付け時の保護が主目的であるが、それ以外にも表面銅配線の保護膜（耐環境性皮膜、酸化防止膜、物理的接触による損傷防止膜）としての役割も担っている。ソルダーマスクあるいははんだマスク（solder mask）とも称される[*21]。

ソルダーレジストは**図 1.22**に示すように、印刷法によるソルダーレジストと写真法によるソルダーレジスト（Photo-imageable Soldermask）に大別される。

[*21] 用語としては、日本ではソルダーレジストが主に用いられているが、英語圏ではsolder maskの方が一般的である。

LPISM：liquid photo-imageable solder mask（液状写真形成型ソルダーレジスト）

図1.22　ソルダーレジストの種類

　印刷法によるソルダーレジスト形成で用いられる印刷技術は、孔版印刷法のひとつ、スクリーン印刷法である（p. 29、1.1.2項の（5）を参照）。

　写真法によるソルダーレジストはレジストの形状によって、ドライフィルム（dry film solder mask）と液状（liquid photo-imageable solder mask＝LPISM）に分けられる。

　写真法による形成（フォトリソグラフィー）であるから、回路形成に用いるフォトレジストと類似の技術であるが、以下の点が異なる。

- 回路形成のためのレジスト形成では、レジスト材料は回路形成後に除去されるが、ソルダーレジストはプリント配線板の最終製品に残る材料である。したがって、ソルダーレジスト以降の工程（仕上げ工程、金めっきなど）およびサプライチェーンの次ステップ以降（部品実装工程など）での品質要求（耐薬品性、耐はんだ性、低イオン汚染性、難燃性規制、化学物質届出義務など）を受ける。

- ソルダーレジストを塗布（あるいは貼付）する下地は、すでに銅回路が形成されているから、回路導体の凹凸がある。したがって塗布するときは、凹凸への追従性（凹凸部分での塗膜均一性）が要求される。特に導体の肩の部分の塗膜厚が薄くなる現象に注意が必要である。

- 銅回路が形成されているということは銅のない樹脂のみの部分があるということである。樹脂が紫外線を透過する場合には、露光時に反対面に投射光が透過してしまい、意図しない露光が発生してしまう恐れがある（この現象は慣用的に『裏露光』と称される）。透過率の低い材料を選択する必要がある[22]。
- 回路が形成されているから、当然スルーホールも形成されている。塗布方法にもよるが、ソルダーレジスト形成後にインキが孔内に部分的に残ることがある。この場合、以後の工程（仕上げ工程の前処理など）でマイクロエッチング（化学研磨）による銅表面洗浄を行ったとき、マイクロエッチング液が残留するポケットとなる。この残留液が、時間経過とともに孔内の銅をエッチングし、やがてスルーホール断線に至るという潜在的不良の原因となる[23]。インキが孔内に残らないようにする、あるいは逆に印刷で完全に孔内を埋めてしまう、というような対策が必要である。

写真法のソルダーレジストの工程を図1.23に示す。ソルダーレジスト塗布のあとの乾燥は、インキ内の溶剤成分を揮発させるだけの指触乾燥（表面を指で触っても指に付着しない状態（タックフリー状態）まで乾燥すること）である。塗布方法によっては片面塗布の場合もあるが、その場合は、

| 第1面塗布 | → | 乾燥1 | → | 第2面塗布 | → | 乾燥2 |

という工程になり、第1面のインキは乾燥1と乾燥2の両方を通ることとなる。したがって第1面と第2面で乾燥時間が異なることになるから、どちらの面も乾燥条件の許容範囲内に入るように管理が必要である。なおこの乾燥工程を、後の「硬化」工程との混同を避けるために「仮乾燥」と称する場合もある。

現像後の硬化工程は、現像で除去されなかった樹脂成分（エポキシ樹脂系が

---

[22] 現在市販されている基板材料は『裏露光』の対策はされているものが一般的である。
[23] 最終の電気検査工程の前にリフロー炉を通して、マイクロエッチング液の残留がある場合には加熱によりエッチング反応を加速させ、断線として検出させる、という方法でスクリーニングを行うこともある。

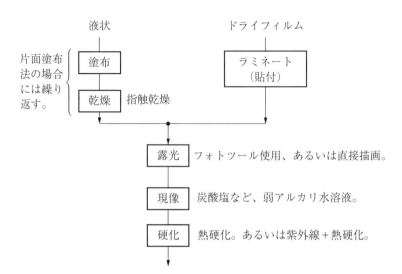

図1.23　写真法ソルダーレジストの工程（概略図）

一般的）を熱硬化させる工程である。一部の写真法ソルダーレジスト材料では、後露光工程（熱硬化する前に紫外線（UV）で全面露光して未反応の感光成分を完全に反応させておく工程）を必要とするものもある。

　ソルダーレジストの熱硬化は、その後にマーキング印刷工程が入る場合、マーキングインキの熱硬化条件と合わせて考える必要がある。すなわち、

| ソルダーレジスト形成 | → | 熱硬化1 | → | マーキング印刷 | → | 熱硬化2 |

と工程は進むから、ソルダーレジストに関しては硬化1で完全硬化させずに、熱硬化2のステップで目的の硬化度に達するように条件設定する必要がある。

コラム　写真法によるビアの形成（ビルドアップ多層基板のフォトビア）

　ビルドアップ多層プリント配線板が最初に製品化されたとき[*24]、ビルドアップ層に用いられた材料は、写真法ソルダーレジスト材料を転用したものであった。写真法ソルダーレジストの開口部の形成方法を、ビルドアップ絶縁層へのビア形成に応用した技術であった。当時は、このように写真法で形成したビアをフォトビアと呼び、レーザー穴あけで形成したビアをレーザービアと呼んで、2つの技術が拮抗していた。その後、レーザー穴あけ技術の急速な発展にともない、現在ではレーザービアが主流になっている。

1.4.2　マーキング印刷

　マーキング印刷とは、プリント配線板上に部品番号、部品形状、その他の文字情報やマークを印刷することである。これらの文字・マーク類はCM（component marking）とも呼ばれる[*25]。マーキング印刷は慣用的には文字印刷、シルク印刷などとも言う。

　このシルクとはシルクスクリーンの略である。シルクスクリーンとはスクリーン印刷の別名であり、古くは絹（シルク）の紗を用いていた（現在ではポリエステル、ナイロン、ステンレスなど）ことによる命名である。ソルダーレジストもマーキング印刷も古くからスクリーン印刷法で形成していたにもかかわらず、プリント配線板製造において「シルクスクリーン」と言えば、ソルダーレジストではなくマーキング印刷を指すのが慣用である。

　いままで説明してきたパターン形成の方法には、印刷の関連技術が多く応用された分野という位置付けであったが、この「マーキング印刷」はまさに印刷技術そのものである。従来からスクリーン印刷技術が用いられてきたが、現在ではインクジェット印刷技術も用いられている。

[*24]　1991年に公表された、日本IBM開発のSLC（Surface Laminar Circuit）が最初である。
[*25]　英文ではlegendあるいはnomenclatureなどとも呼ばれる。

1.4.3　CO_2レーザーによる穴あけにおける銅層開口部の形成法

　CO_2レーザーを用いた穴あけによるマイクロビアの形成に、穴位置の銅層（銅箔あるいは銅箔＋銅めっき層）にエッチングで開口部を作成してから、その開口部にレーザー穴あけを行う方法がある。銅の表面はCO_2レーザーの波長での反射率が高いため、穴の位置に銅層があると穴あけができないからである。

　この開口部がレーザー光に対してマスクとして働くことを利用した方法をコンフォーマルマスク法と呼ぶ。レーザー光の分布がある程度広がっていても、銅箔によりマスクされるから、開口部のみに穴が形成される。銅箔のマスクにより穴径を規定する方法である。これは穴あけ位置と穴径を写真法パターン形成（フォトリソグラフィー）により規定する方法である［文献11］。この方法はビルドアップ配線板開発当初にはよく用いられた。

　現在では、レーザー穴あけ技術の進歩により、精度の向上、レーザービームの絞り込み、ビームのプロファイルを正規分布（ガウシアン）から連続一様分布（トップハット）への変換、などができるようになっている。そのため、コンフォーマルマスク法のような銅箔をマスクとして使う方法ではなく、銅箔開口部を穴径よりも広く取って、レーザービーム自体で穴径を規定する方法が主流となっている。このような方法をラージウィンドウ法と称する。

　コンフォーマルマスク法もラージウィンドウ法も、レーザー穴あけ前に写真法パターン形成（フォトリソグラフィー）工程が必要なことに変わりはない。ここでのパターン形成は、導体パターンではなく穴パターンである。

　また、開口部の形成をせず、銅表面を表面処理することにより、レーザー光の吸収率を上げ、レーザーで直接銅箔ごと穴をあける方法（銅ダイレクト法）も採用されている。

1.5　回路形成のその他の方法

1.5.1　パターン印刷法

　スクリーン印刷法の応用としては、エッチングレジストを形成するだけではなく、導電インキを用いて、スクリーン印刷で導体回路を直接形成する方法もある。

導電インキとしては、カーボンペーストあるいは銀ペーストが用いられる。ポリエステルフィルム（PETフィルム）の上に導電インキで印刷した製品は、民生機器のメンブレンキーボードあるいはメンブレンスイッチとして大量に生産されている。また、この製法によるプリント配線板をメンブレン配線板と称することもある［文献12］。

このような印刷による回路形成の応用として、すでに形成した導体の上に局所的に絶縁インキを印刷して絶縁層を形成し、その上に導電インキで導体を印刷することによって、立体交差した回路を作成することができる。このような構成をクロスオーバー構造と呼び、ここで使う絶縁層をアンダーコート層と呼ぶ。

1.5.2 めっき以外の層間接続法

一般的なプリント配線板では、XY方向（面方向）の接続は銅配線のパターン（エッチング法またはパターンめっき法で作成）により、Z方向（深さ方向）の接続は孔内の銅めっきにより、相互接続ネットワークを実現している。このZ方向の接続を銅めっき以外の方法で実現する方法も多く考案されていて、実用化された主なものには次のような製造方法がある。

- 銀スルーホール配線板
  導電ペースト（銀ペースト）を孔内に印刷充填し、熱硬化して、表裏の導電性を実現した配線板である。主に安価な両面プリント配線板を製造する方法として実用化された。

- ALIVH
  松下電子部品（当時）が開発したプリント配線板の製造方法である［文献13］。プリプレグにレーザー穴あけで形成したビアに銅ペーストを充填し、プレス積層することでビア接続と積層を同時に行うビルドアップ多層配線板の製法。

- B^{2}IT
  東芝が開発した、銀ペーストによるビアポスト（ビアホールではなく）を用いたビルドアップ多層配線板の製法［文献14］。銅箔上にスクリーン印刷で銀ペーストによる円錐形のポスト（柱）を作成し、多層積層時にこの

ポストがプリプレグを突き抜けて次の層と接続し、ビアを形成する方法である。

- PALAP
  デンソーが開発した、熱可塑性材料を用いて一括多層積層する多層配線板である［文献15］。内層材となる回路作成後の片面基板にレーザー穴あけでビアを作成し、導電ペーストをビアに充填し、多層プレス成形する方法である。

- CPCORE
  京セラが開発した、ICパッケージ基板用の一括多層形成方法である［文献16］。絶縁層となるシートにレーザー穴あけでビアを形成して導電ペーストを充填したものの上に、キャリアシート上にエッチングで形成した銅配線を転写し、多層プレス成形する方法である。

注：ALIVH、B^2IT、PALAP、CPCORE は各社の登録商標である。

1.5.3 印刷法による電子回路の形成

上述の「印刷法による回路形成」の場合、この「回路」とは導体回路（配線）を意味する場合が大部分であった。配線導体以外では、印刷抵抗体（主にカーボンインキ）の印刷による抵抗素子を形成する工法も、古くから用いられている［文献17］。

印刷抵抗の他に、誘電体印刷によるコンデンサーの形成も可能である。

さらに有機半導体素子あるいは有機EL素子を印刷形成することにより、電子デバイスあるいは電子回路すべてを印刷技術で作成する研究が進んでいる。このような印刷技術で製造した電子回路を、プリンテッド・エレクトロニクス（printed electronics）あるいはプリンタブル・エレクトロニクス（printable electronics）と呼んでいる［文献18］。

参考文献

1. 雀部俊樹：プリント配線板の歴史, エレクトロニクス実装学会誌, Vol. 16, No. 6, pp. 428-432, 2013

2．Charles R. Shipley, Jr.: Method of electroless deposition on a substrate and catalyst solution therefor, 米国特許 3,011,920 号, 1959.06.08 出願, 1961.12.05 公告

3．Jack Richard Celeste, Process for Making Photoresists, 米国特許 3,469,982 号, 1968.09.11 出願, 1969.09.30 公告

4．H. G. Muller, Yanrong Yuan and R. E. Sheets: "Large area fine line patterning by scanning projection lithography", IEEE Transactions on Components, Packaging, and Manufacturing Technology: Part B, vol. 18, no. 1, pp. 33-36, Feb. 1995.

5．日本産業規格，JIS C 5603:1993，プリント回路用語

6．真山明夫（監修），印刷技術と生活研究会（編著）：トコトンやさしい印刷の本，日刊工業新聞社，2012 年 12 月 25 日

7．Du Pont Magazine, Vol. 80, No. 3, pp. 17-19, May/June 1986

8．日本電子回路工業会：2019 年度版プリント配線板技術ロードマップ，2019 年 6 月

9．Clyde F. Coombs Jr.: Printed Circuit Handbook, 1st edition, 1967

10．配線板製造技術委員会：スマートデバイス機器に向けた次世代配線板の微細化技術の最新動向，エレクトロニクス実装学会誌，vol. 21, No. 1, pp. 14-19, 2018

11．大幸洋一，日立製作所，多層印刷回路の製造方法，日本特許 1720510 号，特公平 04-003676，1981 年 10 月 14 日出願，1992 年 1 月 23 日公告

12．小野朗伸，近藤奈穂子：高導電銀ペーストを適用したメンブレン配線板，エレクトロニクス実装学会誌，7 巻，6 号，pp. 482-486, 2004

13．白石和明：全層 IVH 新樹脂多層配線板，回路実装学会誌，vol. 11, no. 7, pp. 485-86, 1996

14．大平 洋，今村英治，和田裕助：新製法（B^{2}it）によるプリント配線板の提案，第 9 回回路実装学術講演大会論文集，pp. 55-56, 1995

15．矢崎芳太郎，横地智弘，近藤宏司，固相拡散接合を適用した PALAP 多層基板の開発，第 19 回エレクトロニクス実装学術講演大会講演論文集，Vol. 19, セッション ID 17B-10, pp. 127-128, 2005

16．藤崎昭哉，林 桂，堀 正明：一括硬化多層配線板，エレクトロニクス実装学会誌，vol. 3, No. 7, p. 548-551, 2000

17．井田 清，桜井賤男，長津 寛：印刷抵抗回路基板，サーキットテクノロジ，Vol. 2, No. 4, p. 232-239, 1987

18．菅沼克昭，棚網 宏：プリンテッド・エレクトロニクス技術，工業調査会，2009

第2部

各　論

　第2部では、エッチング法およびパターンめっき法の各工法に各々一章をあて、詳細に工程を説明する（第2章、第3章）。

　さらにフォトリソグラフィーの応用としてのソルダーレジスト工程にも一章をあてて説明する（第4章）。

第2章

サブトラクティブ法での回路形成

サブトラクティブ法（エッチング法）による回路形成の工程を**図2.1**に示す。この章では、主として、代表的な工法である太線枠で囲った工程について述べる。また、各工程に関する詳細説明は図中に示した番号の項で述べる。

2.1 ラミネート前処理

2.1.1 概　　要

プリント配線板の製造工程におけるワーク（以降これを「パネル」と呼ぶ）の表面にはさまざまな汚染物や異物が付着している。あるいは表面層自体が変質（酸化、硫化など）している場合もある。

本工程は、パネル表面にエッチングレジストを貼付または塗工[*1]するための

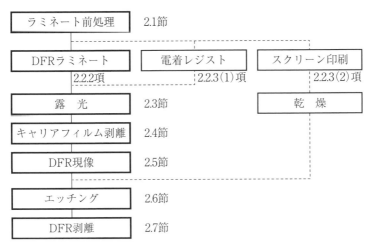

図2.1　サブトラクティブ法の回路形成工程

前処理作業であり、エッチングレジスト材の密着性を上げるために行う。一般的にエッチングレジストとして使用される感光性ドライフィルム（ドライフィルムフォトレジスト、以降、DFRと略す）の場合、DFRラミネート工程の際に、DFRの密着を阻害するようなパネル表面になっていないことが重要である。

そのためには、化学研磨または機械研磨による研磨処理後は十分な水洗を行い、水洗後に水シミを残さないこと、および、水洗・乾燥からDFRラミネートまでの間にパネル表面に異物を付着させないことも重要となる。

パネルに電気銅めっきされた製品の場合、銅めっき後のパネル表面にはブツ・ザラ（微小な突起物）が存在することがある。これらは配線パターンの断線（パターンオープン）または配線パターンの短絡（パターンショート）の不良となる可能性があるため、ブツ・ザラの除去を兼ねて、不織布バフ等を使用したバフ研磨[*2]を行うことがある。

このような機械研磨ではパネルが伸びやすいため、パネルの板厚が薄い場合、バフ研磨よりも伸びが少ないジェットスクラブ研磨[*3]を用いることもある。しかし、ジェットスクラブ研磨は、パネル表面への研磨剤残留による品質問題および装置のメンテナンスが比較的困難なデメリットがある。

本工程は、ブツ・ザラの除去が必要な場合、機械研磨が用いられることがあるが、現在は、化学研磨による前処理が主流となっている。

化学研磨はDFR密着性を上げるために、硫酸-過酸化水素系エッチング液を使用して銅面に微細な凹凸を形成する粗化処理（粗面化処理）と呼ばれる方法が多い。

2.1.2　各処理装置の特徴（クリーンルーム外）

ラミネート前処理として重要なことは、DFR密着性を上げるために銅層を

[*1] 塗工：塗布（coating）と同じ意味である。主に、紙、板、フィルムなど平面上のものに塗布する場合に用いる。
[*2] バフ研磨：砥粒（研磨材）を繊維に接着した不織布からなるロール材を高速回転してワーク表面に当て、研磨する方法。
[*3] ジェットスクラブ（jet scrub）とは、砥粒（研磨材）を水に分散させたスラリー液をワークにスプレーして表面の洗浄・粗化を行う砥粒加工である。

粗面化することであり、概ね「粗面化処理→水洗→乾燥」という工程順で、一般的な環境下で行われる。また、これらの処理に続いて、クリーンルーム内で行う処理もあり、それは2.1.3項で述べる。

(1) 化学研磨ライン

　化学研磨装置は、ローラーによる水平搬送方式の表面処理装置であり、パネル表面に向かってスプレーノズルにて化学研磨液を噴射し、銅面を研磨する方式が多い。研磨後は酸洗、水洗にてパネル表面を清浄化し、吸水性のあるスポンジローラーおよびスリットノズルからエアーを吹き付けることによりパネル表面およびスルーホール内の水分を除去してから温風で乾燥する。

　図2.2に硫酸-過酸化水素系エッチング液を使用した化学研磨ライン（粗化処理ライン）のレイアウト図を示す。

　以下に、化学研磨ラインの各処理の特徴を述べる。

① 化学研磨（粗化処理）

　化学研磨部は、温度および濃度が管理された化学研磨液を一定圧力でスプレーノズルから噴射し、パネルはその中をローラー搬送される構造が多い。

　化学研磨で使用される薬液は過硫酸塩[*4]水溶液のように銅面を均一にエッ

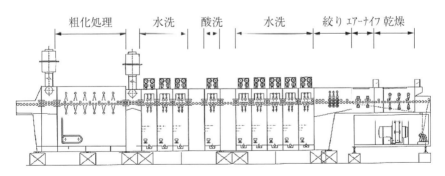

図2.2　粗化処理ライン

---

*4　過硫酸塩はペルオキソ一硫酸塩とペルオキソ二硫酸塩の双方を意味する慣用名であるが、プリント配線板製造関連の用語ではペルオキソ二硫酸塩を指す。ペルオキソ二硫酸塩ナトリウム、ペルオキソ二硫酸アンモニウムなどがある。

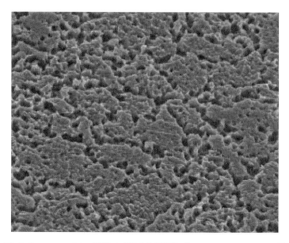

図2.3　エッチング後の粗面化形状（0.5μmエッチング）

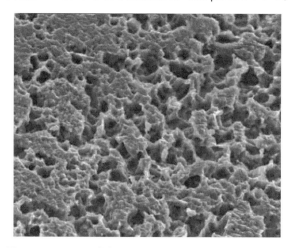

図2.4　エッチング後の粗面化形状（1.5μmエッチング）

チングする薬液ではなく、硫酸-過酸化水素系エッチング液を使用して、銅面に微細な凹凸を形成する（粗面化）ことにより、DFRの密着性を上げる方法が多い。

　このエッチング液による銅の粗面化は、「銅の結晶粒界を選択的に深くエッチングすることにより粗面化をはかる」という結晶粒界攻撃型メカニズムによる場合が多く、図2.3のように銅面が粗化される。

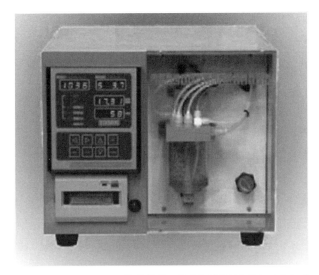

資料提供：株式会社電気化学システムズ
図2.5　自動管理装置

この工程は、あらかじめエッチング量を決めた上で作業条件を設定しているが、設定した条件が変化することでエッチング量が不足するとDFRの密着が悪くなり、エッチング量が多すぎるとDFRの密着が強すぎ剥離しにくくなる。

ある硫酸‐過酸化水素系エッチング液で電解銅箔を処理したときのエッチング量の違いによる粗面化形状の違いを図2.3、図2.4に示す。

エッチング量は処理時間（搬送速度）および化学研磨液の温度・濃度で決まる。通常の管理方法により、処理時間および液温度は変動が小さく安定した条件となっている。一方、薬液の濃度は変動しやすく、処理するパネルの面積または枚数に応じて薬液を供給することで管理する必要がある。それ以上に管理精度を求める場合は、自動管理装置により自動滴定または光学測定による濃度分析を行い、その結果により薬液（硫酸、過酸化水素、添加剤、純水）を設定した比率で自動供給するシステムがある。図2.5の自動管理装置は、以下の方法で濃度測定を行っている。

- 過酸化水素：過マンガン酸カリウム溶液による酸化還元滴定
- 硫酸：水酸化ナトリウム溶液による中和滴定

- 銅：光学測定（吸光度分析）

また、処理むらが起きるとDFRとの密着性が悪くなる恐れがあるので注意が必要である。搬送ローラーの跡、取り扱い不良による銅面の傷・打痕に対しても注意する必要がある。

② 酸　洗

化学研磨処理後に水洗を行い、その後に酸洗処理を行うシステムもあり、5％前後の希硫酸が使用されることが多い。

③ 水　洗

水洗が不十分であるとパネル表面およびスルーホール内に薬液成分が残ることがあり、その残渣は腐食の原因となる。ノズル詰りによる水洗不足が起きないように、フィルター（図2.6）にて異物を濾過し、管理している。

また、水洗水の汚染はパネル表面の汚れ・シミの原因となり、汚れ等が付着した部分はDFRの密着不良となることが多い。新水供給量の管理、水洗水の制菌および定期的に次亜塩素酸ナトリウム等による水洗槽内の殺菌・清掃が重要となる。

図2.6　水洗部フィルター

④ 乾　燥

水洗後の「液切り（絞り、エアーナイフ）」、「乾燥」と呼ばれる工程では、パネル表面およびスルーホール内の水分を完全に除去する必要がある。

絞り工程では吸水ローラー（ポリウレタン、ポリビニルアルコール、ポリ塩化ビニル等を原料とした多孔質ローラー）が使用される。吸水ローラーの汚れがあるとパネル表面にシミが残ることがある。吸水ローラーの材質によっては乾燥してしまい吸水能力がなくなることがあるので、吸水性の維持管理も重要である。

吸水ローラーによりパネル表面のほとんどの水分を除去しても、水膜は残っており、それも素早く除去することが必要である。エアーナイフ工程においては、ブロワーを使用して、HEPA フィルター（**図 2.7**）で濾過したエアーを多孔ノズルまたはスリットノズルから噴射し水膜を除去している。特に、パネル

HEPAボックス
（HEPAフィルター）

図 2.7　HEPA フィルター

図 2.8　ギヤ部ディップ構造

にスルーホール等の穴があいている場合、この工程で穴内の水分を完全に除去しないと、後工程において不良が発生することがある。パネル板厚、穴径によっては水分除去が難しいこともあるので、除去能力の検証が重要である。

　最終段では高温の熱風にてパネル表面を乾燥させる。乾燥温度の管理が必要であり、乾燥チャンバー内の空気を HEPA フィルターにて濾過しながら循環させることで、パネル表面に塵埃のない状態で次工程に送る必要がある。

　エアーナイフおよび乾燥工程では、異物がパネルに付着することを避けるために、異物が発生しやすい搬送ギヤ駆動部をパネル搬送部と隔離する構造とすることが多い。搬送ギヤ部はディップ構造として、ギヤを水に浸漬し、摩耗による異物を抑える構造もある（図 2.8）。さらには、ギヤを使用しないマグネット駆動方式とすることで異物を発生させない方式もある（図 2.9）。

(2) バフ研磨機

　バフ研磨で使用する研磨ツールは図 2.10 に示すように、直径 120〜150 mm 程度の筒状（円柱状）の不織布バフが多い。ナイロン等の不織布にシリコンカーバイドやアルミナ砥粒（研磨材の粒子）を接着剤で固めて作られたバフであり、研磨による銅面の凹凸形状は砥粒の粒度により異なる。

　バフ研磨機は機械研磨の装置として最も使用されており、基本的に、ローラーによる搬送機構にバフ駆動部が配置された構造になっている。

第2章　サブトラクティブ法での回路形成

図2.9　マグネット駆動方式

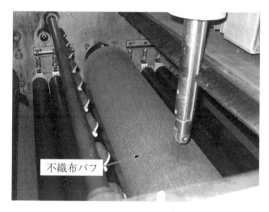

図2.10　不織布バフ

　バフ研磨により銅面にスクラッチ傷が発生すると、DFRラミネートの際にDFRの感光層が傷の底部まで密着しないことがあり、その部分にエッチング液が浸み込むことにより断線不良が発生することがある。そのため、バフ研磨で発生するバフカスを除去する機構や次に説明するようなバフ自体の管理が重要である。
　研磨作業を続けていると、バフ表面の砥粒の脱落、目詰まりによる研磨能力の低下や、研磨むらがでてくる。バフ研磨の仕上がり品質を一定に保つためには、定期的にバフ形状を矯正し、バフ表面に新しい砥粒面を露出させて研磨能

81

力を回復させなければならない。この工程を「ドレッシング」[*5]と呼ぶ。

バフ研磨は、DFRの密着性を上げるために行う処理であるため、研磨の均一性および研磨後の凹凸形状も重要となり、バフの研磨力低下、変形、偏摩耗等による不良発生を未然に防ぎ、安定した研磨を行うために、日常的にまたは定期的にドレッシングを行うことが重要である。

バフ研磨機単体の写真を図2.11、バフ研磨ラインの例を図2.12に示す。

バフ研磨処理の次は、「水洗」、「絞り」、「エアーナイフ」、「乾燥」と続く。特

資料提供：株式会社丸源鐵工所

図2.11　バフ研磨機外観

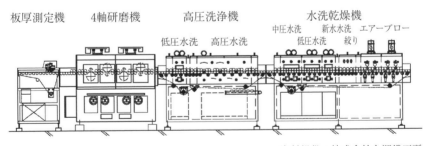

資料提供：株式会社丸源鐵工所

図2.12　バフ研磨ライン構成例

[*5] 厳密に言えばドレッシング（目直し：砥粒を露出させて研磨力を回復させる作業）とツルーイング（形直し：芯振れ、片減りなどを除去する作業）の両方を行う作業となる。

82

第2章　サブトラクティブ法での回路形成

資料提供：フジ・エレック株式会社
図2.13　濾過機（濾布方式）

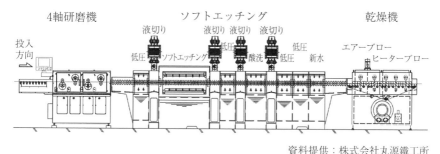

資料提供：株式会社丸源鐵工所
図2.14　バフ研磨・化学研磨ライン構成例

徴は（1）項で述べた内容と同じであるが、水洗水の濾過方法が異なる。

特に研磨部においてバフにスプレーしている水には研磨により発生した銅粉、バフカス等の異物が混入し、それらは濾過して除去することで水洗水を再利用している。そのための濾過機としては、濾布方式（**図2.13**）のものが使用されることが多い。

また、バフ研磨機で銅面の突起物および異物を除去した後、連続して化学研磨を行い銅面を粗面化する構成のラインもある。**図2.14**に、そのレイアウト図

を示す。

(3) ジェットスクラブ研磨機
　アルミナ等の砥粒を水に分散させた溶液をパネル表面にスプレー噴射する装置であり、方向性のない粗化面が得られる。装置単体の写真を図 2.15 に示す。

図 2.15　ジェットスクラブ研磨機外観

図 2.16　ジェットスクラブ管理槽

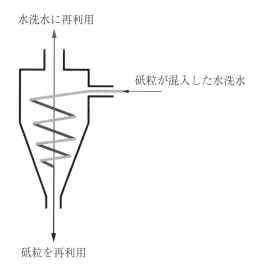

図 2.17　サイクロン方式による砥粒分離機構

　また、**図 2.16** のような円形の管理槽に冷却機能、撹拌機能を設置し、管理槽内の温度管理および撹拌を行っている。

　また、パネルに付着している砥粒は次工程の第一水洗に持ち込まれるため、管理槽内の砥粒は減ってしまう。そのため、第一水洗のスプレー水はサイクロン方式（**図 2.17**）を利用した機器（**図 2.18**）にて、再利用可能な砥粒と径が小さくなり使用できない砥粒を含む水に分離し、研磨に使用できる大きさの砥粒を管理槽に戻して再利用している。管理槽の砥粒濃度は変動するため、日常的な濃度測定および砥粒の補充が重要となる。

　研磨砥粒をスプレーしているためチャンバー内の部品は摩耗しやすく、砥粒はチャンバー内に堆積しやすい。搬送ローラーは摩耗しにくいゴム製が使用されることが多く、スプレーにて飛散した砥粒が搬送ギヤ等に付着しないような遮蔽構造が重要となる。

　また、パネルに砥粒が突き刺さったり、スルーホールに砥粒が残ったまま後工程にいってしまったりすると不良の原因となるため、研磨後の水洗処理に十分な管理が必要となる。

図2.18 サイクロン機器

2.1.3 クリーンルーム内における前処理装置の特徴

2.1.2項の各処理工程で処理されたパネルは、塵埃の少ない環境下での処理（2.2節、2.3節）に続く。この工程での処理は、特に異物を嫌い、パネルに付着した異物は不良に直結するため、十分な異物管理が必要になる。

このような環境下にある部屋をクリーンルームと呼ぶ（(3)項で詳細に述べる）。

(1) クリーンローラー

クリーンルーム外のラミネート前処理ラインから搬送されてくるパネル表面には、異物はほとんど付いていない状態に管理しているが、皆無ではないため、パネル表面をもう一度清浄化している。

この工程では、ゴムローラー（シリコーン系が多い）でパネルを挟み込んで搬送し、表面に付着している微細な異物をゴムローラーに吸着させ、その異物を粘着性のあるテープに転写させる方法が多い。

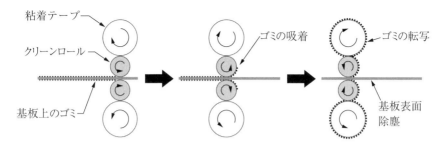

資料提供：株式会社レヨーン工業

図 2.19　クリーンローラーの仕組み

　粘着テープは使用した一周分を一定頻度で切って新しい部分を出す。その際、粘着成分が台紙部分と分離すると、その粘着成分はパネルに逆転写することがあるため、粘着テープの選定および丁寧に切断することが重要である。最近は、一周分切断されている粘着テープも使われている。

　装置は一般的にクリーンローラーと呼ばれ、そのプロセスを図 2.19 に示し、実機例を図 2.20 に示す。

　クリーンローラーの次はプリヒーターに続いて DFR ラミネーターとなるが、次工程のプリヒーターでパネル表面に異物が付着する可能性もある。そこで、ラミネート直前でパネル表面を清浄にするため、プリヒーター後にクリーンローラーを設置することもある。

(2) プリヒーター

　パネルをヒートローラーで挟み込んで加熱・搬送する方式や加熱された炉内をゴムローラーまたは金属ローラーで挟み込んで搬送し、パネルを加熱する方式がある。

　DFR 密着性および銅面の凹凸への DFR 追従性を高めるために、ラミネート直前のパネル表面温度が 50～60 ℃になるように加熱している。

(3) クリーンルーム

　クリーンルームは、空気中における浮遊塵埃が規定された清浄度レベル以下

資料提供:株式会社レヨーン工業
図2.20　クリーンローラー実機例

に管理されている部屋である。クリーン度クラス1,000（1立方フィート中に0.5μm以上の微粒子が1,000個以下）～クラス10,000で管理されることが多い。

このクリーン度クラスは、米国連邦規格FED-STD-209（2001年に廃止）に規定されていた値であるが、現在は、ISO 14644-1（JIS B 9920-1も同じ）において、1立方メートル中に含まれる0.1μm以上の微粒子数という違った尺度で規定されている。両規格を対比したものを**表2.1**に示す。

パネルは、2.1.2項の化学研磨ライン最終の乾燥部までの工程で異物を付着させないように管理し、クリーンルーム内の最初の工程において、パネル上の異物を除去することで、異物の持ち込みを防止している。作業者がクリーンルームに入室する際は、クリーンルームの前室において頭部（髪の毛）をフード等

表2.1 クリーンルームの清浄度（クリーン度）クラス

清浄度クラス		次の対象粒径以上の粒子に対する上限粒子数濃度（個/m^3）					
ISOクラス	FEDクラス	0.1 μm	0.2 μm	0.3 μm	0.5 μm	1 μm	5 μm
1		10					
2		100	24	10			
3	1	1 000	237	102	35		
4	10	10 000	2 370	1 020	352	83	
5	100	100 000	23 700	10 200	3 520	832	
6	1 000	1 000 000	237 000	102 000	35 200	8 320	293
7	10 000				352 000	83 200	2 930
8	100 000				3 520 000	832 000	29 300
9					35 200 000	8 320 000	293 000

注：
1. ISOクラスはISO規格ISO 14644-1［文献1］、およびその日本版であるJIS B 9920-1［文献2］で定められた清浄度クラス。
2. FEDクラスは米国連邦規格FED-STD-209D［文献3］で定められていた清浄度クラス。
3. 例えば「清浄度ISOクラス5（FEDクラス100）」のように併記する場合が多い。
4. この表はJIS規格（ISO規格も同じ）で規定された表に、ほぼ該当するFEDクラスを追記して、比較できるようにしたもの。

で覆い、無塵服を着て、エアシャワーを浴びることで異物を持ち込まないように管理している。無塵服は、**図2.21**に示すように前室に設置したロッカーの中に保管する等、一般作業衣とは区別して管理する。入室の際は、**図2.22**のエアシャワー内で無塵服表面の塵埃を除去してからクリーンルームに入る方法を取っている。

　クリーンルーム内の気流は、装置の近傍に天井から清浄な空気を吹きおろし、穴があいた床板から吸い込むような流れにすることが多い（**図2.23**）。清浄度を維持するために、塵埃を濾過するためのHEPAフィルターと十分な循環風量で管理され、塵埃・異物の堆積を抑えるために、床・天井・壁は平滑な構造物としている。定期的に決められた場所の塵埃量を測定し、維持・改善することも必要である（**図2.24**）。

図 2.21　無塵服の管理

図 2.22　エアシャワー

第2章　サブトラクティブ法での回路形成

図2.23　クリーンルーム内の床構造

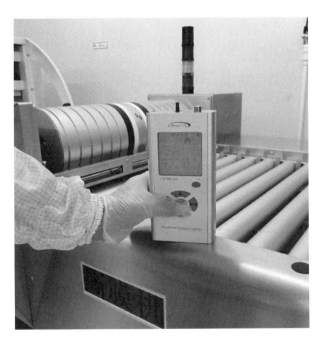

図2.24　塵埃測定器（パーティクルカウンター）

図 2.25　差圧計

　また、クリーンルーム内は塵埃が外から侵入しないように陽圧[*6]にし、温度・湿度も管理している。図 2.25 の差圧計にてクリーンルーム内が陽圧であることを管理し、温湿度は、例えば、22±2℃、52±5％で管理することが多い。

コラム：クリーンルームの空気清浄度クラス

　クリーンルームの空気清浄度（クリーン度 cleanliness）を示すスケール（尺度）として、「一定の単位体積の空気中の、ある径以上の粒子の数（すなわち浮遊粒子数濃度）が限度以下であること」を定めたのが清浄度のクラスである。例えば表 2.1 の ISO クラス 4 の清浄度では
- 粒径 0.1 μm 以上の浮遊粒子の粒子数濃度が 10 000 個/m^3 以下であること。
- 粒径 0.2 μm 以上の浮遊粒子の粒子数濃度が 2 370 個/m^3 以下であること。
- 粒径 0.3 μm 以上の浮遊粒子の粒子数濃度が 1 020 個/m^3 以下であること。
- 粒径 0.5 μm 以上の浮遊粒子の粒子数濃度が 352 個/m^3 以下であること。
- 粒径 1 μm 以上の浮遊粒子の粒子数濃度が 83 個/m^3 以下であること。

[*6]　陽圧：内部の圧力が気圧より高い状態のこと。正圧ともいう。

が要求されていることがこの表からわかる。

　これらの粒径の全てを測定する必要があるわけではなく、この中から一つあるいは2つ以上を選択し（選択法には制限がある）、浮遊粒子数濃度を測定し、クラスを決定することになる。選択した対象粒径を明示する必要がある。測定には浮遊粒子計数器（パーティクルカウンター）などが用いられる。

　ISO クラスの命名法では、対象粒径 0.1 μm の最大許容粒子数濃度（上の例では10 000 個/m^3）が 10 の何乗であるか（この例では 10^4）から、その指数（すなわち 4）をクラス名とする（クラス 4）。

　ISO 規格（ISO 14644-1）が制定されたのは 1999 年のことであり（現在は 2015 年改定の第 2 版［文献 1］が最新版）、それ以前は米国の連邦規格（Federal Standard）FED-STD-209 が用いられていた（1963 年 12 月制定、数回の改版を経て、ISO への移行に伴い 2001 年 11 月に廃止）。このように長期間にわたって用いられてきたためか、廃止から 20 年近くが経過した現在でも、この連邦規格（以下では略して FED と称する）は通用している。FED が ISO と異なる点は次の通りである。

1) 単位体積が ISO では 1 m^3（1 立方メートル）であるが、FED では 1 ft^3（1 立方フィート）であった。
2) 命名法に用いる対象粒径が、ISO では 0.1 μm であるが、FED では 0.5 μm であった。また FED ではその粒径での最大粒子数濃度をそのまま（10 の乗数ではなくて）クラス数に使う命名法であった（ISO のようなクラス 1, 2, 3,…ではなく、FED ではクラス 10, 100, 1000,…のように命名していた）。
3) ISO の方が、規定する清浄度の範囲が上下に広い。

　表 2.1 で ISO と FED のクラスの対応関係を表示しているが、厳密に言うと、ほんの少しだけ差はある。計算してみると、1 フィートは 0.3048 m（国際フィート）であるから、1 ft^3 は 0.028316847 m^3 である。例えば ISO クラス 4 の粒径 0.5 μm の上限粒子数濃度は 352 個/m^3 であるからこれを 1 ft^3 あたりに換算すると 9.96753 個/ft^3 になる。これはほぼ 10 個/ft^3 すなわち FED クラス 10 にほぼ等しい。差はわずかに 0.325 % である。

　半導体の微細化の波、および測定技術の進歩などに対応するため、FED は何回か改定されているが、現在でもよく引用されているのは 1988 年 6 月改定の D 版（FED-STD-209D）［文献 3］である。この版で初めて、0.5μm より下の範囲の微細な粒径（0.1 μm、0.2 μm、0.3 μm）を用いた定義が導入され、クラス 1, 10, 100 が新しく定義されて（厳密にはクラス 100 は再定義）、現在も通用している FED クラスが完成している。

　その後、1992 年 9 月の改定 E 版（FED-STD-209E）では、メートル法が併記され、あらたに単位容積として 1 m^3 を用いたメートル法クラス（クラス M1, M2,…）

が導入された。ただし、この新しいクラスはほとんど普及せず、以前のD版のクラス（E版にも併記で残っていた）がそのまま用いられていた。やがてISOへの移行によりFEDはE版を最後に2001年に廃止された。

2.2 DFRラミネート（エッチングレジスト塗工）

2.2.1 概　要

　本項では、エッチングレジスト塗工の代表工法として、DFRラミネート（ドライフィルムラミネート）について述べる。

　前工程のプリヒーターで加温されたパネルは、本工程においてラミネーターでDFRが貼り付けられる。量産工程の場合は、前処理工程から連続したラインとして自動的にラミネートされるが、DFRの品種切り替えが多い場合や少量の製品は、オフラインにて手動ラミネーターでラミネートすることもある。

　本工程はクリーンルーム内での作業になり、2.1.3項の前処理で述べたクリー

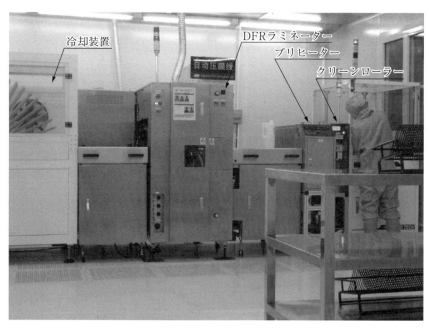

図2.26　ラミネートライン

ンローラーおよびプリヒーターと連続処理することも多く、そのシステムの例を図 2.26 に示す。また、DFR 以外のエッチングレジストを使用した工法については、2.2.3 項で述べる。

2.2.2　DFR ラミネーター

　DFR は、感光性樹脂層を PET フィルム等のキャリアフィルム（支持フィルム、ベースフィルムとも呼ぶ）の上に塗布、乾燥し、ポリエチレンフィルム等の保護フィルム（カバーフィルムとも呼ぶ）で覆った 3 層構造で形成されている（図 2.27）。DFR は、保護フィルムを剥離しながら、パネル表面に熱圧着（ラミネート）するだけで感光層が形成できるため、作業が容易であること、両面一括で感光層を形成できるなど多くの利点を有している。

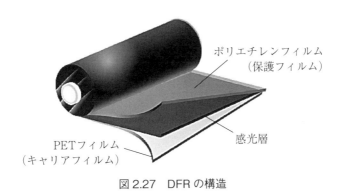

図 2.27　DFR の構造

(1) オートカットラミネーター

　この工程では、DFR がパネル表面にシワやエア・ボイド（気泡）無く、適正な密着強度で接着される必要があり、主に常圧タイプのオートカットラミネーター*7（図 2.28）が用いられる。

---

*7　ロール状のドライフィルムがパネルから前後にはみ出さないように（端部より内側になるように）自動的に切断しながらラミネートすることから、オートカットラミネーターと称する。手動のラミネートの場合は、ラミネートが終了してから、パネルの前後にはみ出したドライフィルムを切断してパネルを分離する。

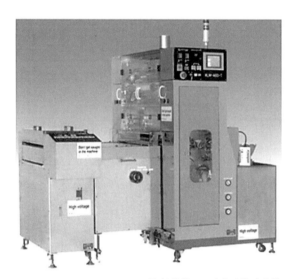

資料提供：日立化成株式会社
図 2.28　オートカットラミネーター

本装置の動作を説明する。
① プリヒーター（2.1.3 (2) 項参照）で加温されたパネルがコンベア上を移動してくる。

　パネル表面への DFR 接着強度を高めるためには、ラミネート前のパネル表面温度を 50～60℃にすることが望ましい。これ以下の温度設定の場合接着強度が不十分となりやすく、DFR 剥がれが発生する可能性がある。一方これより高い温度設定の場合では、シワやエアーボイド（気泡）が発生しやすくなる。これらの現象は、用いる DFR の粘度、粘着性、レジスト層の厚み等で適正値や作業裕度が異なるので、量産適用前に十分な事前検討が必要である。
② ラミネーター前段のコンベアでセンタリングし、搬送される。
③ パネル前端をセンサーで検出する。
④ パネル前端から設定寸法過ぎた位置から DFR が貼られる。
⑤ ヒートローラーが回転しながら DFR を貼り付ける。

　ヒートローラーの温度、速度、圧力を調整することでも接着強度を高める

ことができる。一般にローラー温度は高めにすることが望ましいが、高くしすぎるとシワが発生しやすくなり、またDFRの種類によってはラミネート時の熱によって熱反応を促進してしまい、現像後の解像度が損なわれることがあるので注意が必要である。

　速度については接着強度を高める観点では低速化することが望ましいが、これはラミネート工程での生産性を鑑み各基板メーカーで設定されている。圧力については高圧設定にすることが密着強度を高める観点では望ましいが、スルーホール基板などにおいては高圧設定とした場合、レジスト層が穴内に流動しやすくなり、スルーホール輪郭のレジストが薄くなってしまう。その結果、テント破れ等が発生し、スルーホール欠損の原因となるので注意が必要である。

⑥　パネル後端より手前で貼り終わるようにDFRが切断される。

　DFRはパネル外周部から設定寸法内側に貼る必要があり、パネル端からDFRがはみ出ていると、はみ出たDFRが不良の原因となるため注意すること。この装置で管理することは、貼り付ける位置（寸法）、ヒートローラー温度、搬送速度、ローラー硬度・押し圧等であるが、ヒートローラーに傷があると、その部分のラミネートが不十分になるため、その点検も必要である。

　DFRの密着強度をさらに高める手法として、後加熱加圧機を併用することが知られている。この装置はラミネーターの後工程に接続され、DFRをラミネートしたパネルをさらにローラーで加熱・加圧することで、レジストを流動させて銅面の凹凸にさらに追従させ、密着強度を高めることができる。特に銅面に傷や凹みがある場合や、前処理の粗度が大きい場合には、接着強度を高め、配線パターンの欠損を低減するのに極めて有効である。後加熱加圧機を使用することでエアーボイドが減少した例を図2.29に示す。

　銅面の凹み等に対するDFR追従性も重要であり、ラミネート条件を振って、使用するDFR種類毎に評価する簡易的な方法を図2.30に一例として示す。また、オートカットラミネーターでは対応できないような段差を埋め込みたいような場合、およびシワやエアーボイドが発生しやすい薄膜タイプのDFRを取り扱う場合には、真空ラミネーターが適している。今後、プリント配線板のデ

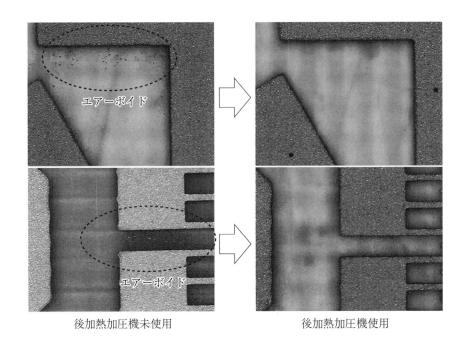

後加熱加圧機未使用　　　　　　　後加熱加圧機使用

資料提供：日立化成株式会社

図 2.29　後加熱加圧機使用時のエアーボイド低減効果

ザインルールは更に微細化になることが考えられ、解像度に有利な薄膜 DFR の適用事例が増加することが予測されるため、真空ラミネーターの適用事例は増加すると思われる。真空ラミネーターに関しては、4.2.2（5）項で述べる。

真空ラミネーター使用における注意事項

　真空ラミネーターを使用した場合、常圧ラミネーターを用いた場合と比較し、ラミネート直後においてフィルムが高感度となる場合が多く、解像度が一時的に悪化する現象がみられる。これは一時的に真空状態となるため、レジスト中の酸素が奪われ、露光時のラジカル反応において停止反応の寄与が低減するために過剰反応が進行するためである（図 2.31）。したがって真空ラミネート後は一定の放置時間を確保することが必要である。

第2章　サブトラクティブ法での回路形成

溝深（μm）	SEM
5.0	
7.5	
10.0	

溝幅 70 μm
DFR 幅 75 μm

図2.30　DFR追従性テスト

　ラミネート後のパネルは次の露光作業まで30分から数時間の時間を置く必要がある。ホールドタイムと称し、DFRの種類、ターゲットとするL/Sにより推奨時間は異なる。これはラミネート工程により熱溶融したレジスト層を十分安定化させるためであり、これが不十分な場合、期待するレジスト密着強度やフィルム感度（ステップタブレット段数）を得ることが難しい。一方で数日間にわたって長時間放置した場合、密着強度が強くなりすぎて現像残渣が発生する場合があるので、各DFRの推奨条件に従い取り扱うことが重要である。

```
                    ┌─────────────────┐
                    │   光ラジカル反応   │
                    └─────────────────┘
開始反応：S(光重合開始剤)    →   S·(活性ラジカル)
成長反応：S· + M(モノマー)   →   S－M·
         S－M_n· + M        →   S－M_{n+1}·
停止反応：S－M_m· + S－M_n·  →   S－M_{m+n}－S
         S－M_n· + O_2      →   S－M_n－O－O·
```

真空ラミネートによる感光層中のO₂濃度の低下
停止反応が低減し、ラジカル反応促進・高感度化

⇩

感光層への大気の戻りにより

　真空ラミネート後　経時で感度変化　

資料提供：日立化成株式会社

図2.31　真空ラミネート直後に露光した場合に想定されるラジカル反応の変化

コラム

ステップタブレット（step tablet）

ステップタブレットとは、図2.32のような、白から黒までの階調が濃淡順に並んでいるフォトツールであり、ステップウェッジ（step wedge）あるいはステップスケールとも呼ばれる。濃淡は光学濃度（optical density＝OD、吸光度[*8]）で表される。露光工程で用いられるものは透過型であり、上記「白」とは「透明」を意味する。

ステップタブレットを指定するには、どの濃度の範囲をカバーし、1段で濃度がどれだけ変化し、何段並んでいるかを指定する。例えばステップタブレットの老舗であるStouffer社の21段（品番T2115）と言えば、濃度0.05から3.05まで0.15刻みで並んでいるものである。

フォトレジストの露光量を決めるためには、ステップタブレットをフォトレジスト

[*8]　「光学濃度」（あるいは「光学密度」とも言う）は、化学・物理関係の用語「吸光度」と同一のものである。写真関連の分野では「光学濃度」あるいはその略語である「OD値」が用いられることが多い。定義はどちらもかわらず $\log_{10}\left(\dfrac{透過光の強度}{入射光の強度}\right)$ である。

図 2.32　ステップタブレット

の上に置いて露光を行い、最適条件で現像を行い、水洗・乾燥後に、ステップタブレットを通して露光した部分の何段目まで残っているかを見て、適正露光かどうかを判定する。

フォトレジストには各々推奨露光量があり、例えば「ST＝23/41」と指定がある場合には、「41段のステップタブレットで23段まで残存していること」という条件である。

ステップタブレットは、各フォトレジストメーカーが供給あるいは指定しているものを使用する。例えばDuPont社は自社のドライフィルムフォトレジストのために、よく使う範囲に絞ったステップタブレット（25段、光学濃度0.5〜1.7、0.05刻み）を供給している。

したがって露光・現像の一連ラインの条件設定は、各フォトレジストの推奨値をもとにして、

　1．推奨されたブレークポイントになるように現像条件を設定する。
　2．その最適現像条件を用いて、ステップタブレットを用いて露光条件を設定する
の2段階で進めることとなる。

(2) 手動ラミネーター

DFRの品種替えが多く、少量の生産が必要な場合は、オフラインにて手動ラミネーターでラミネートすることがある（**図2.33**）。

ラミネート機構はオートカットラミネーターと同じであるが、パネルの投入、排出およびDFRの切断は手作業となる。パネルの内側に自動的に額縁状に貼るわけではなく、パネルの前後端はパネル端までDFRが貼られてしまう。DFRを切断する際にDFR片が発生すると、パネル表面へ再付着することがある。それは、短絡不良の原因となるため、DFR切断面はきれいに、切断作業は丁寧に行う必要がある。**図2.34**にDFRがパネルからはみ出てしまった作業例を示す。

資料提供:株式会社エム・シー・ケー
図2.33 手動ラミネーター

図2.34 DFRがパネル外周からはみ出た状態

2.2.3 DFR以外の工法

　DFRが普及する前から、ディップ工法やロールコーターにて感光性の液状レジストを塗工する方法も行われていた。現在も使用されている液状レジスト

の塗工方法として電着レジスト工法および古くから使われていた方法として、スクリーン印刷機による工法について述べる。

(1) 電着レジスト

かつて、パターンの微細化への対応およびランドレススルーホール品のエッチングレジストとして使用された方法であるが、現在は、使用しているプリント配線板メーカーも少なくなっている。

電着レジスト[*9]（Electrophoretic Deposition）法は、パネルを電着液の中に浸漬し電流を流すことで、電着液中の樹脂成分が電気泳動しパネル表面に均一に析出させる方法である。レジストの種類としてネガ型とポジ型があるが、プリント配線板ではスルーホールの保護に対して有効なポジ型の電着レジストが使用される。

主流であるポジ型アニオン電着タイプは次のような特徴を持っており、電気

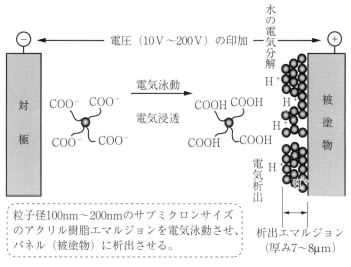

資料提供：ハニー化成株式会社
図2.35　電気泳動法の原理（アニオン電着）

[*9] 電着レジストはEDレジスト、あるいはEDPR（ED photo resist）とも称される。

泳動の原理を**図 2.35** に示す。

①電気めっきと同じように、浴比*10、極間距離、電流等の管理が必要である。
②膜厚は薄く（例：8 μm）、高解像度であるため細線形成が可能である（**図 2.36、図 2.37**）。

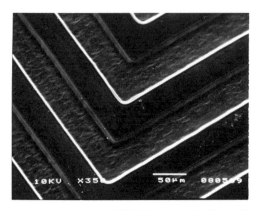

資料提供：ハニー化成株式会社
図 2.36　電着レジストによるパターン形成（1）
（L/S＝50/50 μm、倍率 350 倍）

資料提供：ハニー化成株式会社
図 2.37　電着レジストによるパターン形成（2）
（L/S＝7/7 μm、倍率 2,000 倍）

＊10　浴比：処理浴の量に対する被処理物の量の割合。通常、重量比で表す。洗浄処理、染色加工などでよく用いられるパラメータ。

③アニオン電着タイプであるため、アルカリ性水溶液で現像および剥離が可能である。

(2) スクリーン印刷による配線パターン形成

　現在は片面基板および両面基板の製造において、ラフな配線パターン形成（例えば、パターン幅200μm以上）で使用している基板メーカーもある。近年、この工法は高精細な印刷も可能になっており、プリンテッド・エレクトロニクス分野において使用されている。

　スクリーン印刷プロセスを**図2.38**に示す。

①ポリエステル繊維等で織った紗を使用したスクリーン版（スクリーンマスク）を適度なクリアランスをもってパネルの上に置く（同図（a））。

②スクレーパーにてスクリーン版の上にインキを乗せる（同図（a））。

③スキージにてインキを加圧し移動する（同図（b））。

④スクリーン版の網目から裏面にインキを透過させ印刷する（同図（c））。

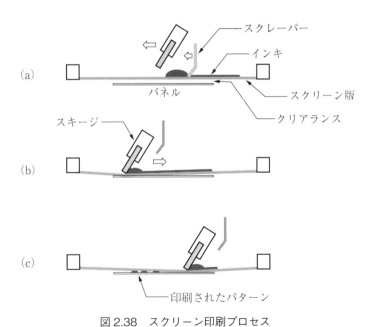

図2.38　スクリーン印刷プロセス

資料提供：株式会社セリアコーポレーション
図 2.39　スクリーン印刷機（半自動印刷機）

　この方式で使用するスクリーン印刷機の例を図 2.39 に示す。この印刷機は、スクレーパーやスキージの動作（往復運動）は自動化されているが、パネルを印刷テーブルに置いたり、取り出したりする動作は手作業で行う方式である。
　この工法は、配線パターン（画像）が形成されているスクリーン版を使用し、そのパターンをパネル上（銅面）に印刷する方法である。この時使用するインキは、熱硬化タイプが多く、乾燥後にエッチング処理が行われ、エッチング後はアルカリ性水溶液で溶解除去される。
　スクリーン印刷における不良としては、「かすれ」や「にじみ」があり、スキージの硬度・角度・摩耗度・速度・押し圧、スクリーン版とパネルのクリアランス・版離れおよびインキ粘度等の管理が必要である。また、紗のテンション等スクリーン版自体の品質も重要であり、紗を伸ばすように印刷するため、後工程において位置合わせ不良が発生することもある。重要な因子となるスクリーン版の製造（製版工程）については、4.2.2（4）項で詳細に説明する。

2.3 露　光

2.3.1 概　要

　DFR ラミネートまたは他の感光性エッチングレジストを塗工したパネルに対し、露光工程において配線パターンをレジスト層に形成する。後工程の現像処理では、実際に目に見える形で配線パターンが形成されるが、この露光工程では光を照射することで配線パターンの潜像を形成している。

2.3.2 露光装置

　露光の方法として、コンタクト式およびデジタル式があり、その特徴について以下に述べる。また、さらに高精度な投影式についても簡単に述べる。

(1) コンタクト式自動露光装置

　水平または垂直に置いたパネルにマスクフィルム（アートワークフィルム、フォトマスクとも呼ぶ）を重ねて、パネルに向けて紫外線を照射することでレジスト層に配線パターンの潜像を形成する装置である。

　露光装置の内部は、図 2.40 に示す部位で構成されており、図 2.41 に示す運転動作となっている。

① 搬入コンベアにより、パネルはプラテン部（露光テーブル）に移動する。
② プラテン上のパネルとコピーフレームに貼り付けたマスクフィルムとを CCD カメラにて位置合わせする。
③ 位置合わせ完了後にパネルとマスクフィルムを密着させる。
④ 光源部のランプから照射された紫外線はコリメーションミラーで反射し平行な光となり、マスクフィルムの透明部分を通過してパネルのレジスト層に当たる。
⑤ 設定光量照射後に、パネルとマスクフィルムは離れ、パネルは搬出コンベアで排出される。

　パネルとマスクフィルムの位置合わせは、図 2.41 に示す「アライメント」工程で行われる。パネルの外周部にあけた穴（基準穴）の中心とマスクフィルム

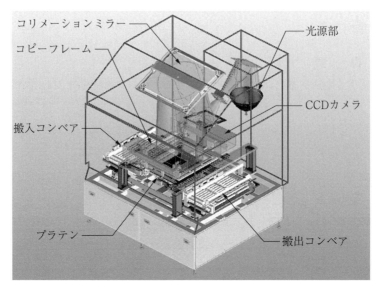

資料提供：株式会社アドテックエンジニアリング
図2.40　コンタクト式自動露光装置の構成

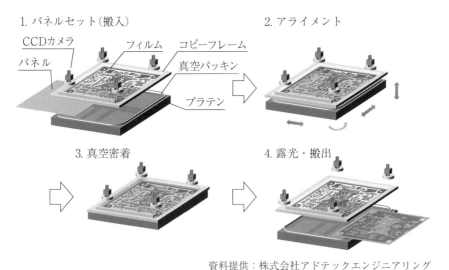

資料提供：株式会社アドテックエンジニアリング
図2.41　コンタクト式自動露光装置の運転動作

の合わせマークの中心とを CCD カメラで認識し、両者の中心同士のずれ量が小さくなるように、パネル（実際にはパネルが載っているプラテン）を X、Y、θ 微調整することで合わせこんでいる。

両者の中心は同じ位置に設計されているが、パネルおよびマスクフィルムの伸縮・歪みによって、ずれが生じてしまう。パターン幅の細線化、高密度化に伴いパネルとマスクフィルムの位置合わせも高精度が必要となり、その精度も±10 μm 以下が要求される場合がある。そのため、アライメント方式も一般的な「按分点方式」ではパネルの変形に追従することが難しいため、位置精度が一定に保たれる方式（MMD 方式：Minimum Mark Distance）も採用されている。**図 2.42** には、アライメントの方法として按分点方式と MMD 方式の特徴をまとめてある。

細線化に対応するためには、パネルとマスクフィルムの密着についても工夫する必要が出てきており、一般的な真空密着方式を基本とし、ガラス中央部をたわませて中央部から密着させていく方式（**図 2.43**）や、パネルの凹凸を吸収する加圧密着方式（**図 2.44**）など様々な手法がある。加圧密着方式は、マイラーフィルムを微圧（2～3 kPa）で風船状に膨らましてから、Z 軸が上昇し、加圧することでマスクフィルムとパネルを密着させている。この方式は次のような特徴がある。

①マイラーフィルムが風船状なので中央から均一に密着する。
②マイラーフィルムが柔らかいためパネルの凹凸に追従する。
③真空方式に比べて密着圧が低いため、マスクフィルムが傷みにくい。
④外段取りでコピーフレームにマスクフィルムを貼ることで機種替えが早く行える。

紫外線照射の光源は、超高圧水銀ランプ（超高圧 UV ランプ）が使用されることが多い。現在は、**図 2.45** のようなショートアーク型の超高圧水銀ランプが多く使用されているが、省エネ等の観点から、近年は小型ハロゲンランプを多数配置し面光源とした装置や、LED 光源も使用されるようになってきた。それらの構造を**図 2.46** に示す。

名称	考え方
按分点方式	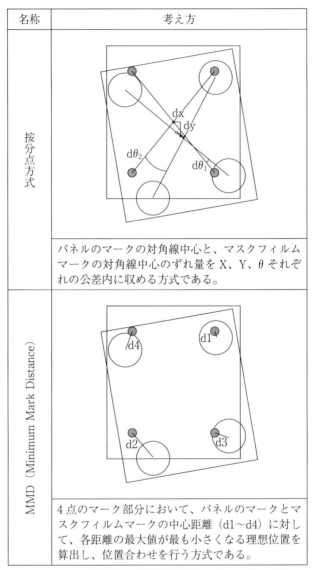 パネルのマークの対角線中心と、マスクフィルムマークの対角線中心のずれ量を X、Y、θ それぞれの公差内に収める方式である。
MMD (Minimum Mark Distance)	4点のマーク部分において、パネルのマークとマスクフィルムマークの中心距離（d1～d4）に対して、各距離の最大値が最も小さくなる理想位置を算出し、位置合わせを行う方式である。

資料提供：株式会社アドテックエンジニアリング

図 2.42　アライメント方式の比較

第2章　サブトラクティブ法での回路形成

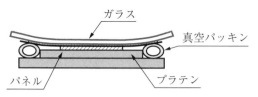

資料提供：株式会社アドテックエンジニアリング
図2.43　真空密着方式

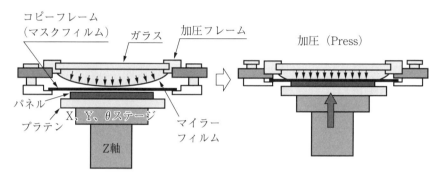

資料提供：株式会社アドテックエンジニアリング
図2.44　加圧密着方式

資料提供：株式会社アドテックエンジニアリング
図2.45　ショートアーク型超高圧水銀ランプの外観

111

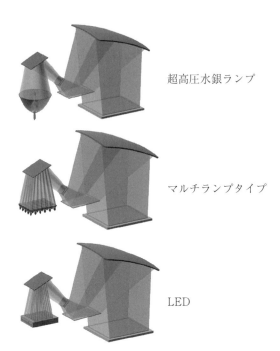

資料提供：株式会社アドテックエンジニアリング
図 2.46　光源の種類

> **超高圧水銀ランプ**
> 　10^6〜数10^7 Pa の水銀蒸気中のアーク放電の発光を利用する放電ランプのこと。ショートアーク形とロングアーク形があり、分光分布は、紫外から赤外まで分布し、水銀の蒸気圧が高くなるに従い連続スペクトルが増える。
> **ショートアーク形**
> 　発光管（石英ガラス球）の中央付近に、一対の電極が短い間隔で配置され、その中に水銀が封入されている。点灯中の水銀の蒸気圧は 10^6〜2×10^7 Pa にも達し、高輝度の点光源となる（図 2.45、図 2.47）。
> **ロングアーク形**
> 　発光管（棒状の石英ガラス管）の両端に、一対の電極が配置されている。点灯中の水銀の蒸気圧は 5×10^6〜2×10^7 Pa にも達する。ランプは強制空冷または

水冷される。毛細管形超高圧水銀ランプ（キャピラリーランプ）はロングアーク形である（図2.48）。

ウシオ電機株式会社ホームページより

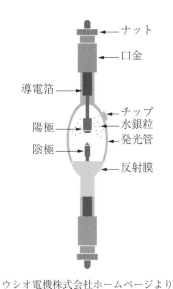

ウシオ電機株式会社ホームページより
図2.47　ショートアーク形超高圧水銀ランプの構造

　パターン幅がラフな場合は、超高圧水銀ランプをそのまま散乱光として照射していたが、パネル寸法の大型化および配線パターンの細線化によりパターン幅精度が重要となり、現在は平行光として照射している装置が多い。平行光を作り出すための機構を図2.49に示す。

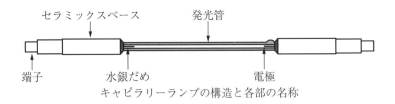

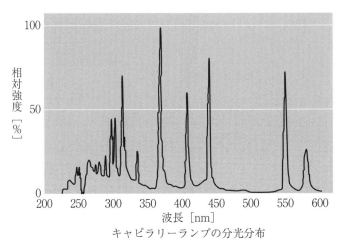

ウシオ電機株式会社ホームページより

図2.48 キャピラリーランプの特徴

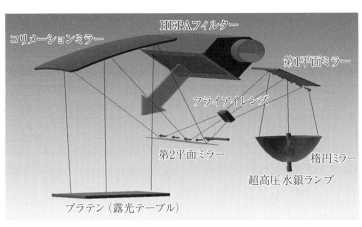

資料提供：株式会社アドテックエンジニアリング

図2.49 平行光を作る機構

第2章 サブトラクティブ法での回路形成

平行光を作るための部品

フライアイレンズ

　フライアイレンズとは、レンズを複数枚使用し、蝿の目のように縦横マトリクス状に配列したレンズ体のことであり、インテグレータレンズともいう。

　構成するレンズの数だけ多重像を生じ、光源が点光源として扱える程度に小さい場合には、多数の点光源が作られることから、照射面を均一な照度分布にする際に用いられる（図2.50）。

コリメーションミラー

　コリメーションミラーとは、照射光の光束が広がらないように、光が光軸に平行に反射する面をした鏡面のことであり、散乱光を平行光に変換する。

ウシオ電機株式会社ホームページより

　コンタクト露光は、PETフィルムをベースとして回路の絵柄を焼き付けたマスクフィルムを使用するタイプ（詳細は、1.1.2（3）項を参照）が主流である。

　このフィルムは特に湿度の変動による寸法挙動があり、実際の露光機内の温湿度変化が大きいとフィルムの伸縮も大きくなる。フィルムの寸法変化は不可逆的であり、図2.51に示すように、実際に管理される湿度（例えば52％）を基準として、高湿度の環境下にフィルムがさらされてから元の湿度に戻っても、フィルムは縮んでしまい元には戻らないことがわかる。したがって、露光機内の温湿度も常時一定に保つような管理が必要となる。

　また、マスクフィルムに異物が付着すると、その部分が露光障害となり、連続して大量に同一箇所の不良が発生することがある。それを防止するために露光機の前には2.1.3（1）項に記したクリーンローラーを設置してパネル表面を清浄化するような対策が必要である。この工程で確認される異物は露光障害の原因となる可能性が高いので、異物は採取し、FTIR分析またはEDX分析を行うことで発生源を特定する必要がある。

フライアイレンズ　　　通常のレンズ

フライアイレンズのイメージ図

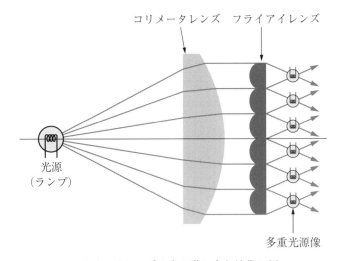

フライアイレンズの光の進み方と結像の例

ウシオ電機株式会社ホームページより

図2.50　フライアイレンズの特徴

　以上がコンタクト式自動露光装置を構成する各要素に求められる機構・品質・精度等の特徴であり、その実機例を**図2.52**に示す。

　露光後はDFRの重合が未完全のため、30分前後のホールドタイムを設けてから現像する場合が多い。ホールドタイムが長すぎると、現像および剥離が不十分となることがあるため、長くても1〜3日くらいで管理している基板メーカーが多い。

第2章　サブトラクティブ法での回路形成

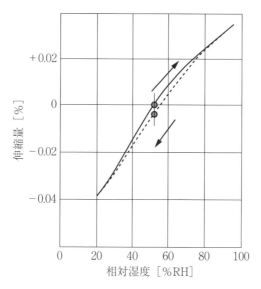

図2.51　PETフィルムの伸縮

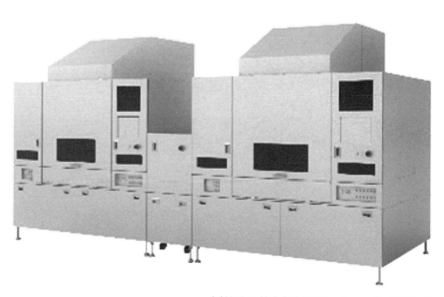

資料提供：株式会社アドテックエンジニアリング

図2.52　コンタクト式自動露光装置外観

DFR を使用した配線パターン形成は、露光により光照射部分が不溶化するラジカル重合ネガ型の感光システムを利用している（**図 2.53**）。DFR は、主に光開始材と光架橋剤、フィルム性を付与する樹脂から構成され（**図 2.54**）、そ

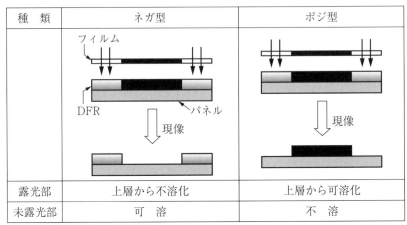

図 2.53　レジストの種類

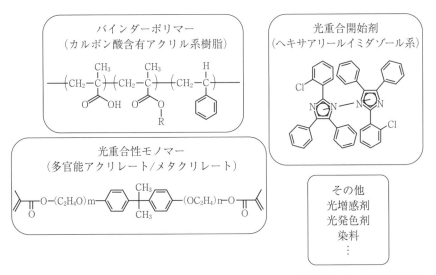

図 2.54　DFR の組成

表 2.2　DFR の成分と役割

資料提供：日立化成株式会社

成　　分	役　　割
ポリマー	フィルム化させる。 現像工程でアルカリ溶液に溶解させる。
モノマー	光重合反応により硬化する。
光開始剤、増感剤	光を吸収しエネルギーをモノマに与え、光重合反応を促進する。
発色剤	光で発色し目視確認を容易にする。
安定剤	長期保管を可能にする。
染　料	フィルムに色を付ける。
密着強化剤	微細回路形成を可能にする。
有機溶剤	各材料を溶解しワニスを作る。

れぞれの役割を**表 2.2**に示す。未露光部分は炭酸ナトリウム水溶液などのアルカリ性現像液で溶解除去される。一方、露光部分はカルボン酸がそのまま残存し、光架橋剤の三次元架橋によりアルカリ性現像液に対して不溶化することになる（**図 2.55**）。

DFR 成分に関する知識

　光開始材は、当初、ベンゾフェノン/エチルミヒラーケトン系が用いられていたが、最近では高感度、高解像度などの特性を示すビスイミダゾール系光開始材が用いられていることが多い。ビスイミダゾールは増感により、あるいは直接励起によりホモリシス開裂（均等開裂）し、ロフィルラジカルと呼ばれるラジカルを生成する。ロフィルラジカル自体は開始能が低いことから、通常、ジアルキルアミン類やメルカプタン類等の水素供与体を併用し、ロフィルラジカルの水素引き抜きにより二次的に生成したラジカルが光開始種として反応を進めるとされている。

　光架橋剤は不飽和二重結合を有し、塗工温度で揮発せず、また DFR としてある程度の伸び性を持つものである必要がある。すなわち、可とう性付与材としての機能を併用するために、低分子ではなくある程度分子量の大きな多官能メタア

光照射によるラジカル生成

架橋剤がラジカルにより重合

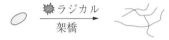

現像による未露光部の溶解除去

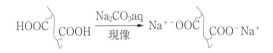

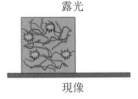

資料提供：日立化成株式会社

図 2.55　DFR の回路形成メカニズム

クリレートオリゴマー類やアクリレートオリゴマー類が用いられる。

フィルム性を付与するバインダーポリマーとしては、一般的に分子量数万のアクリル系樹脂が用いられる。

これら成分の種類や量を、用途やプロセスに対して最適化することが重要である。

(2) デジタル式自動露光装置

デジタル式自動露光装置はコンタクト式自動露光装置と異なり、マスクフィルムを使用せず、直接パネルに紫外線で描画して露光する方式である。その露光方式から、直描露光（ダイレクトイメージング、DI：Direct Imaging）とも呼ばれている。

一般的には、コンタクト式露光機と比べ　細線化やアライメント精度に優れ、マスクフィルムを用いないことから、ランニングコストや多品種少量対応等の

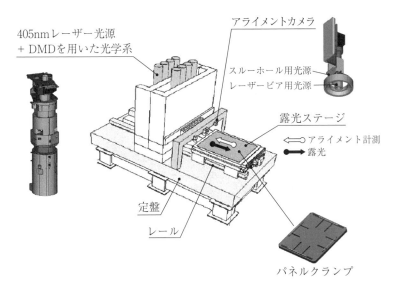

資料提供：株式会社アドテックエンジニアリング
図2.56　デジタル式自動露光装置の構成

メリットがあり、近年爆発的に需要が多くなっている。

　工場単位での生産管理（Industry 4.0 等）においても、装置内データがデジタル化されているため、容易に対応することが可能である。また、実際の工程管理においても、生産する製品毎に直接シリアル No. やバーコード等を入れられるメリットがあり、製造現場での管理が容易になる。

　露光装置は、**図2.56**に示す部位で構成されており、次のような運転動作となっている。

①露光ステージの決められた位置にパネルを置く。

②露光ステージは装置内の光源部に移動するが、その時、基準穴の位置（座標）をカメラで計測し、アライメント情報を得る。

③描画のオリジナルデータにアライメント情報を加味して、実際に露光する描画データに変換する。

④パネル（露光ステージ）が原点位置に戻る際に、レーザーにて露光される。

　この露光装置の大きな優位点としては、位置合わせ精度が高いことが挙げら

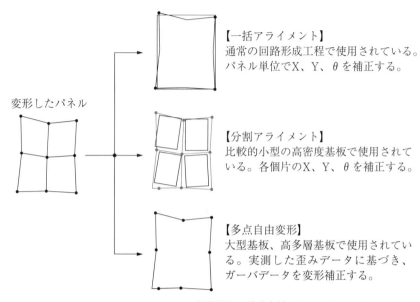

資料提供：株式会社アドテックエンジニアリング

図2.57　アライメント方法比較

れる。マスクフィルムを介することなく露光ができるため、描画データを変形させて露光することも可能である。パネルが歪んでいる場合でも、それに追従させるような製造ノウハウは全く必要なく、歪みに合わせてデータを補正するアライメント方式により一定の品質が得られる。そのアライメント方式の例を図2.57に示す。

　描画方式には代表的なものとして、DMD方式（Digital Micromirror Device：図2.58）とポリゴンミラー方式がある。DMD方式は窒化ガリウム半導体レーザー（波長405 nm）を光源に用い、MEMS技術で作成されたミクロンサイズの微小な鏡（マイクロミラー）を有するDMDで描画する方式である。一方、ポリゴンミラー方式はUV半導体励起固体レーザーを光源（波長355 nm、超高圧水銀ランプのi線（365 nm）に近い波長）に使用し、ポリゴンスキャン方式で描画するものである。光源については従来から使用されている超高圧水銀ランプやレーザー方式をはじめ、最近ではLED方式も採用されている。

第2章　サブトラクティブ法での回路形成

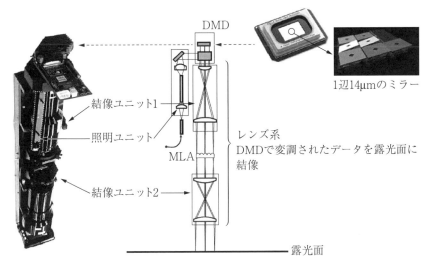

資料提供：株式会社アドテックエンジニアリング
図 2.58　DMD 方式

　直描露光は従来のコンタクト式露光と比較してスループット[*11]が低い課題があったが、装置技術の進展により最近ではコンタクト式露光と遜色ないレベルまで改善されてきている。スループットを高めるためには、DFR も従来より高感度なものが求められる。通常の DFR は超高圧水銀ランプ光源である i 線（波長 365 nm）を主に利用するよう設計されているため、紫色レーザーダイオード（波長 405 nm）の光には低感度である。そのため、405 nm 光源に合った光開始剤を設計し改善している（**図 2.59**）。コンタクト式露光で使用する DFR は、露光により 70 %近く硬化するのに対し、直描露光で使用する DFR は、30 ～40 %程度しか硬化しない。この未硬化部が DFR 剥離においてスライム状になりやすくなるため注意が必要である。

(3) 投影式自動露光装置
　元々は半導体製造工程で採用されてきた露光技術であり、光源は超高圧水銀

---

*11　スループット：単位時間あたりの生産能力。

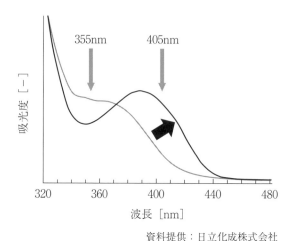

資料提供：日立化成株式会社
図 2.59　直描用 DFR と水銀ランプ露光用 DFR の吸収スペクトル

ランプを使用し（LED も使用される）、パターンマスク（コンタクト式露光で使用するマスクフィルムに相当）をパネルに密着せず、投影レンズを通して露光するシステムである。高精細・高精度を求められる分野で使用され、パターンマスクは主にガラスが使用されている。また光学系も複雑となるため、装置コストやランニングコストは高価となる。

露光装置の内部は、**図 2.60** に示す部位で構成されている。

投影式露光装置の光学系

コリメータレンズ

　コリメータレンズとは、平行光を得られるように収差補正されたレンズであり、光線が正しく一点に集まらずに不完全な像ができること（収差）を防ぐはたらきをする。

　図 2.61 にコリメータレンズが使われている露光装置の光学系を示す。

インテグレータレンズ

　照射面への照度の均一性を高めるレンズのこと。フライアイレンズとも言う。

ウシオ電機株式会社ホームページより

第2章　サブトラクティブ法での回路形成

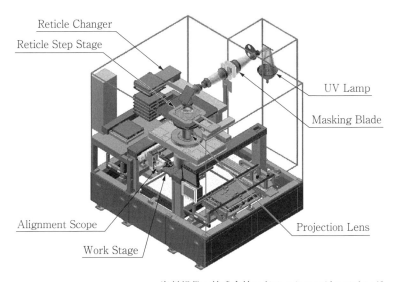

資料提供：株式会社アドテックエンジニアリング
図2.60　投影式自動露光装置の構成

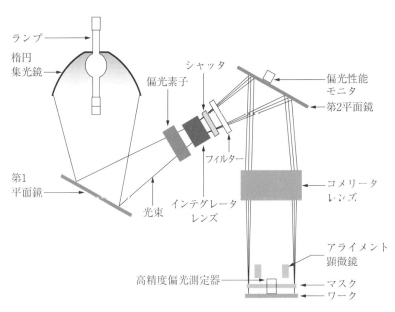

ウシオ電機株式会社ホームページより
図2.61　露光装置の光学系（例）

125

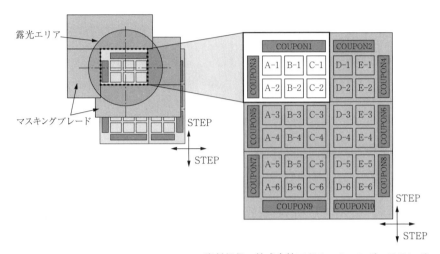

資料提供：株式会社アドテックエンジニアリング
図 2.62　分割露光方式

　例えば、パッケージ基板（FC-CSP/BGA 向け基板）の分野では L/S＝10/10 μm の細線が求められており、その対応が可能である。もちろん、アライメント精度も重要であり、ステップ・アンド・リピート方式と呼ばれる分割露光方式で行われ、次のような運転動作となっている（図 2.62）。

①パネルが最初の分割露光位置へ移動する。
②マスキングブレードにより露光エリアを囲い込む。
③アライメント後に露光する。
④次の露光エリアへステップ移動する。
⑤以上の動作を繰り返すことでパネル全面を露光する。

(4) 手動露光装置

　少量生産の場合、オフラインにてパネルとマスクフィルムを位置合わせし、重ね合わせ、テープで仮止めし、手動露光装置（図 2.63）にて露光する場合がある。これは、次のようなプロセスとなる（図 2.64 参照）。

①仮止めしたパネルとマスクフィルムを焼枠（ガラス枠）のガラス面に置き、
②上露光面のフィルム枠を下げ、枠をロックし、焼枠内を真空にする。この

第2章 サブトラクティブ法での回路形成

資料提供：株式会社ハイテック
図2.63　手動露光装置

　際、パネルとマスクフィルムの間の空気を追い出す目的で、フィルムの上からしごきニュートンリングが出ることを確認する。この作業を中途半端に行うと、露光かぶりショートの原因となる。
③真空度が規定値に達した時点で焼枠を入れ替える。
④焼枠が露光位置に入った段階で自動的に光源が点灯する。
⑤設定光量に達した段階で消灯し、③の動作が可能になる。
⑥露光済みの焼枠は手元に戻ってきて、真空が解除される。
⑦フィルム枠のロックを外し、枠を上げて、パネルを取り出す。
この方式では、パネルの基準穴とマスクフィルムの合わせマークは、ルーペ

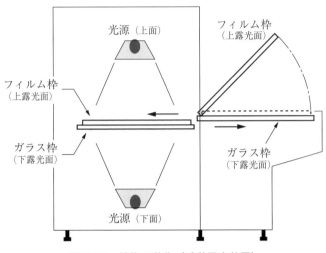

図 2.64　焼枠の動作（手動露光装置）

等で見ながら合わせ込んでいるため、高精度品への対応には限界がある。

2.4　キャリアフィルム剥離

2.2.2項で述べた通り、DFRはキャリアフィルム、感光層、保護フィルムの3層で構成されている。保護フィルムはラミネート工程で剥離され、ラミネート後の露光工程ではキャリアフィルムと感光層がパネルに貼り付いており、現像処理の直前でキャリアフィルムを剥がす。作業者が一枚一枚手作業で剥がすこともあるが、量産品の場合は自動で剥がす装置が使用され、その装置を「ピーラー（装置メーカー各社で色々な呼び方がある）」と呼んでいる。

　パネルはローラーコンベアで搬送され、パネルの内側に貼られたDFRの先頭端の一部に外力を与え、キャリアフィルムと感光層の間に隙間を生じさせてキャリアフィルムを剥がすきっかけを作ってから、パネル全面のキャリアフィルムを一気に剥がす方法である。

　キャリアフィルムに与える最初のきっかけ作りでは、ローラーで擦る方法が多く、浮き上がったキャリアフィルムの剥がし方としては、エアーナイフ方式や粘着ローラー方式、バキュームドラム方式などがある。剥がす際に静電気が

第2章　サブトラクティブ法での回路形成

発生するため、静電気除去装置（イオナイザー）を設置することが多い。

装置内の動作や要素には各装置メーカーで特徴があるが、その構成要素を示した図および装置の外観を図 2.65、図 2.66 に示す。

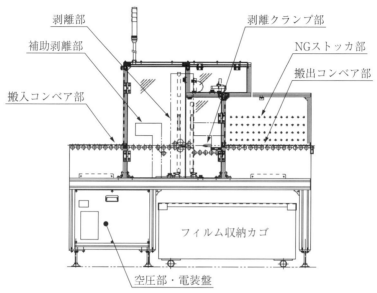

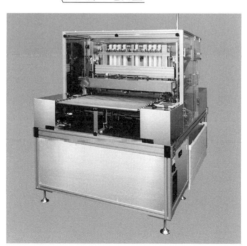

資料提供：株式会社アドテックエンジニアリング
図 2.65　オートピーラー

129

資料提供:株式会社エムイーイー
図 2.66 フィルム自動剥離装置

　この工程では、パネル端部の感光された DFR チップ(DFR 小片)が剥がれ、パネル内の製品部に付着した場合、DFR チップが付着した部分はエッチングレジストとなり短絡不良の原因となりやすい。
　キャリアフィルム剥離のきっかけ作りや剥がす際に、DFR に過剰な負荷をかけないように装置を調整することや、ラミネートの際に、DFR がパネル端からはみ出して貼られることがないように、ラミネート精度を調整することも必要である。

2.5　DFR 現像

2.5.1　概　　要

　露光およびキャリアフィルム剥離が終わったパネルは現像工程へと進む。現像はネガタイプの DFR の場合、露光されたパネルの未露光部分を溶解除去する工程である。
　現像ラインは後述するエッチング、剥離の工程と合わせ DES(Developing, Etching, Stripping)ラインと呼び、一連のラインとすることが多い。その

第2章　サブトラクティブ法での回路形成

図 2.67　DES ライン実機例

DES ラインの実機例を図 2.67、レイアウト図例を図 2.68 に示す。

現像ラインの外観を図 2.69 に示す。現像ラインは一般的に、投入部⇒現像⇒新液洗⇒水洗⇒液切り⇒排出部　という流れで構成される。このラインはローラーによる水平搬送方式が主流となっており、処理工程の特徴を以下に述べる。

2.5.2　各処理工程の特徴
（1）投　入

DES ラインとして構成されている場合、D・E・S 各ラインの搬送速度は同じでないことが多い。そのため、この投入コンベアにてパネル間隔が調整される。自動運転制御のために、パネルを検出するセンサーを設置し、パネル投入がない場合の省エネ、節水管理を行っている。

また、処理するパネル情報を読み取るためにバーコードリーダーが設置される場合もある。

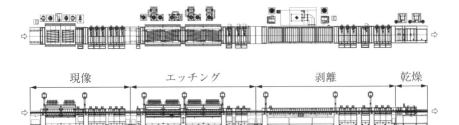

図2.68 DESラインレイアウト図

図2.69 現像ライン実機例

(2) 現 像

　現像方法には、露光されたパネルに現像液を噴射するスプレー方式や現像液中に浸漬するディップ方式がある。

　スプレー方式は現像液をフルコーンノズルまたはフラットノズルで[*12]パネル表面に噴射し、現像する方式である。この工程において、露光により光硬化したDFRは銅面上に残留し、未露光部のDFRは溶解される。現像液をスプレ

---

*12　フルコーン、フラットはスプレーパターンの種類。図2.70参照。

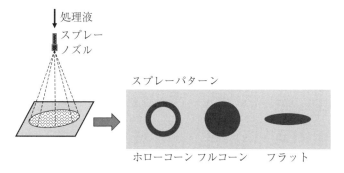

図2.70　スプレーパターン

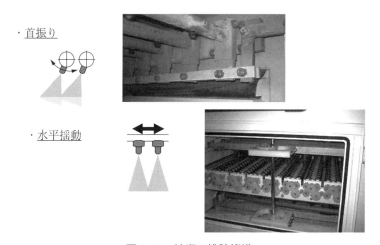

図2.71　液溜り排除機構

ーすることによりパネル上面には液溜りが生じ、面内均一性が悪化する。そこで、スプレー管の首振り（スイング）やスプレーユニットの水平揺動を行い、パネル上に溜まった液の排出を行うことが多い（**図2.71**）。

ディップ方式では、パネルを現像液中に浸漬しながら搬送する。パネルを搬送するローラーも液中にあり、パネルとローラーとの摩擦力が小さく、DFR（配線パターン）への負荷が軽減される。

現像前のDFR未露光部は紫外線に反応して硬化するため、現像部周辺の照

明を紫外線カットしたイエローランプにしたり、チャンバーの透明部に紫外線カットを施すなどの対策を行っている。

現像液は一般的に1 wt％前後の炭酸ナトリウム（Na_2CO_3）水溶液または炭酸カリウム（K_2CO_3）水溶液が使われるが、細線パターンの場合には現像液濃度を0.5〜0.8 wt％にすることもある。現像後のパネル上に残っている現像液は、次工程の新液洗および水洗で除去しているが、それが取りきれなかった場合、露光硬化しているDFRが膨潤することがある。特に、配線ピッチが50 μm以下の場合、配線パターン幅も狭くその影響が顕著であり、不良に繋がりやすい。現像液濃度が低ければ、パネル上の残留液によるDFR膨潤が少なく、不具合を低減できるためである。

現像液濃度は、pH計（図2.72）、導電率計にて監視することが多いが、液分析管理装置を用いて、現像液濃度に加えてDFR溶解量の測定を行う方法もある。その他に、試薬を使用せずに建浴機能も兼ね備えたリアルタイム制御が可能なコントローラーもある。図2.73に中和滴定法を用いた液分析管理装置、図2.74にリアルタイムの現像液コントローラーを示す（ログ機能付き）。

中和滴定法では、DFRが溶け込んだ現像液を中和滴定することにより、炭酸ナトリウム濃度および液中のDFR濃度を算出する方法である。導電率計やpH計は間接的な測定であるのに対し、中和滴定法では対象となる有効成分濃度を

表示部　　　　　　　　　　　電極部

図2.72　pH計

第2章 サブトラクティブ法での回路形成

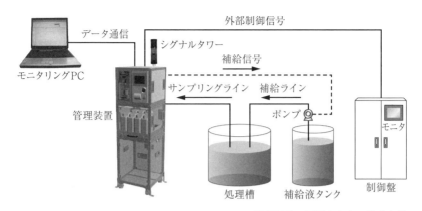

資料提供:石原ケミカル株式会社

図2.73 現像液分析管理装置

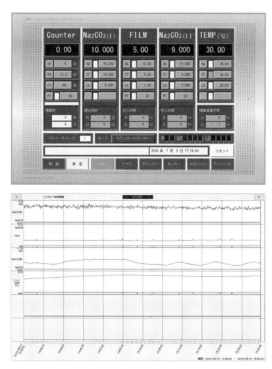

資料提供:日本アクア株式会社

図2.74 現像液コントローラー

135

正確に算出することができるが、測定には15分前後要する。

　現像品質を安定にするためには、現像液濃度は一定に保たなくてはならない。そのためには現像新液を定期的に補給する必要がある。その方法としては、枚数カウンター（処理枚数管理）による供給方法が最も多い。それ以外には処理パネルの面積に応じた補給方法や、液分析管理装置等の機器による測定値により補填する場合もあり、いずれの場合も後工程の新液洗槽に供給し、現像管理槽にオーバーフロー供給することが多い。

　現像液の液温管理も重要であり、現像液温は30℃前後で管理することが多い。温度が高すぎるとDFRがダメージを受け軟質化してしまい、低すぎると現像ができない不具合が生じる。

　現像が完了する位置（DFRが完全に溶解除去される位置）をブレークポイント（B.P.）と呼び、現像のスプレー有効長の1/2～2/3の位置に設定することが多い。B.P.はDFRの品種、および処理面（上面、下面）によって異なるため、それぞれ条件設定をする必要がある。炭酸ナトリウム濃度とB.P.の関係の一例を**図2.75**に示す。

　現像液中に溶解または分散したDFR成分が増加すると現像液中でこれらが凝集し、液面に浮上、または液中で沈殿する。この凝集物を一般的にスカムと呼び、パネルに再付着することで短絡の原因になりやすい。そのため定期的にスカム洗浄剤や水酸化ナトリウムなどを使用し、現像管理槽や配管内の洗浄を行うことが必要である。

　現像液はアルカリ性であるため、スプレーすることで泡が発生しやすい。その対策として、スプレーされた液が液管理槽の液面に直接落下しないように、スプレー部と液面の間に不織布等を置くことで発泡を抑えたり、泡に現像液を吹き付け、排液口（オーバーフロー）に排除する工夫をすることもある（**図2.76**）。また機械的に消泡する遠心式消泡装置（**図2.77**）の設置または、化学的に泡の発生を抑えるため消泡剤を使用する場合もある。しかしDFR成分と消泡剤には相性があり、スラッジやスカムの発生率が増加する場合があるため、消泡剤を使用する場合は注意が必要である（**図2.78**）。

　現像管理槽は、**図2.79**のようにスプレーチャンバーの下に液管理槽を置く

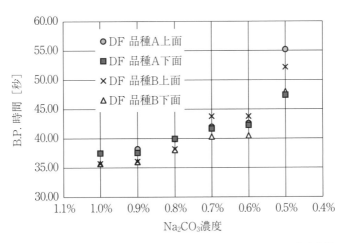

資料提供:日本アクア株式会社

図 2.75　炭酸ナトリウム濃度と B.P. 時間の関係

図 2.76　排液口への泡排除対策

構造ではなく、**図2.80**のような別置き構造にする場合もある。管理槽内は泡発生やスカム発生により汚れやすくなっており、別置き構造は、槽内の掃除がやりやすいことや泡発生が抑えられるメリットがある。

図2.77 遠心式消泡装置

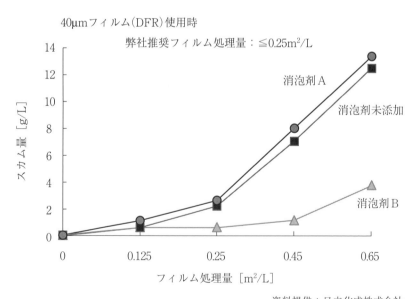

図2.78 消泡剤使用有無とスカム量の関係

第2章　サブトラクティブ法での回路形成

図 2.79　管理槽一体型

図 2.80　管理槽別置き型

139

コラム　ブレークポイント

　ブレークポイント（B.P.）とは、個々のフォトレジストに対して、その最適現像条件を設定するための総合的な指数である。

　フォトレジストの現像には様々な条件が関わっている。現像液の温度、現像液の新旧などである。例えば、液温が高い時あるいは濃度が高い時は現像能力が高く、現像時間も短くて済む。逆に低温、低濃度の時には現像能力が低く、現像時間が長くかかる。コンベア式現像機の場合、現像時間は、

　　　現像時間(分)＝現像チャンバーの実効長さ(m)／コンベア速度(m/分)

となるから、コンベア速度で調整する。

　ブレークポイントとは、与えられたフォトレジストに対して、未露光のフォトレジストがどれくらい余裕を持って現像されているかを表す指数である。例えば、現像機の現像時間設定が50秒で、現像中に未露光のフォトレジストが30秒で除去された場合は、ブレークポイントは60％になる（30/50＝0.6）。これは、チャンバー長（実効）が2mの装置の場合は、1.2mのところでレジストが全て除去されることを意味する（1.2/2＝0.6）。

　ブレークポイントを最適値（通常はフォトレジストメーカーからの推奨値）に合わせるために、液温、濃度、コンベア速度などを調整するのが、現像条件設定の主な作業である。

　ブレークポイントの測定は、パネル（通常は銅張積層板）にレジストを貼付あるいは塗布したテストパネルを現像機で処理し、現像機の観察窓から観察して、どの位置でレジストが完全に表面からなくなるかを決定して、入口からその位置までの長さを、チャンバー全長（実効長＝筐体の長さではなく、実際に現像液がスプレーされる部分の長さ）で除して求める。

　このとき、銅張積層板をそのまま使うと、レジストが徐々に薄くなっていって、最後の完全に無くなる点の前後ではほとんど色の変化がないので、確実に判定するのが難しい。そこで、銅張積層板の表面にあらかじめ水性マーカーで模様（クロスハッチングなど、模様はなんでもかまわない）を描いておいてからレジストを貼り付け（あるいは塗布し）、現像でレジストが無くなると同時に模様のインキも現像液に溶解して無くなるようにして、判別するという手段をとる（図2.81）（当然であるが、油性マーカーは使用不可）。

　ブレークポイントの最適値は個々のフォトレジストによって異なる。

　なお、ドライフィルムフォトレジストの場合とは違い、液体フォトレジストの場合は塗布後の乾燥状態によって現像条件が変わってくるから、塗布乾燥条件を最適化し

第2章 サブトラクティブ法での回路形成

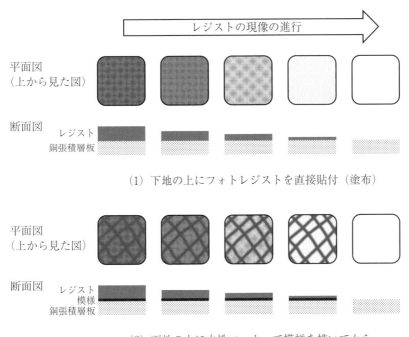

図2.81 ブレークポイントの確認方法

てから、現像条件を設定する必要がある。

　露光工程での条件を決定するためには、まずブレークポイントの合わせ込み（すなわち未露光状態での現像工程の条件設定）を行ってから、露光量の設定に進む必要がある。

---

(3) 新液洗

　現像後のパネルは汚れの少ない新液で洗浄することが一般的であり、新液洗槽の液をノズルからパネル表面に噴射して洗浄している。現像も新液洗も使用する現像液は同じであるが、現像新液は、本工程の管理槽に供給し、そこから現像管理槽にオーバーフローする構造が多い。この工程の現像液も前工程の現像液同様の液温管理をする必要がある。新液洗後のパネル表面の現像液は極力

除去し、後工程の水洗に持ち込まないようにする。現像液が持ち込まれると水洗水の汚れが進み、パネルの洗浄が不十分になるためである。パネル表面の液切りは液切りローラー（ストレートローラー）やエアーナイフで行われる。また、このローラーは異物が付着しにくいように、フッ素樹脂で被膜したもの（またはテフロンローラー）が用いられることがある。

現像新液の調製、補給

　2.5.2（2）項で述べたように現像液濃度を安定にするためには、現像新液を定期的に補給する必要がある。その現像新液を調製、補給するシステムの例を示す。必要となる槽として、原液槽、調合槽（建浴槽）、供給槽（添加槽）がある（呼び方は各社様々である）。撹拌機、循環ポンプ、供給ポンプ、液温管理機器（ヒーター、冷却管）、液面計等で構成されており、装置外観の例を図 2.82 に、フロー図の例を図 2.83 に示す。

　原液槽には一次側から濃厚な現像液が補給される場合もあるが、別な方法として、粉体の炭酸ナトリウムを手作業で投入し溶解・調製するシステムもある。この時、溶解しやすく加温することと、十分に溶解するように撹拌することも重要である。

　調合槽の液面が下限になると一次側から純水が一定量供給され、現像原液が一定量、原液槽から供給される。これらの液量制御は液面計で行われ、その後ポンプで循環しながら導電率計で計測し、純水または現像原液を追加して規定濃度に調製するシステムもある。

　供給槽の液面が下限になると調合槽から移送ポンプにて供給槽の上限まで送られる。

　供給槽からは新液洗槽に設定された頻度で、設定された量が供給される。

　以上の動作を繰り返すことで、新液調合および現像液濃度管理を行っている。

第2章　サブトラクティブ法での回路形成

図2.82　新液関連の付帯槽

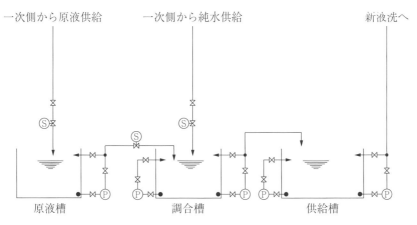

図2.83　新液関係フロー図

(4) 水　洗

　水洗槽に持ち込まれるパネル表面の現像液を減らし水洗水の汚れを軽減するために、水洗工程の最初を放流水洗にすることがある。新水を直接、ノズルからスプレーしたり、次工程の水洗スプレー配管から分岐してノズルからスプレーしたりし、そのスプレー水はそのまま排水している。

　新液洗後の水洗は多段水洗とする。段数は搬送速度にもよるが、例えば6段水洗の場合、カスケード水洗3段×2式のような構成[*13]としていることが多い。また、水温は高すぎるとDFRがダメージを受け膨潤し、低すぎると洗浄性が悪化するため、適温で管理することがある。多段水洗の最終水洗には常時（運転中のみの場合が多い）一定量の新水を供給し、前段にオーバーフローさせ清浄度を維持する。

　水洗の後半（最終またはその前段）には導電率計を設置し水洗水の汚染度を測定、管理することもある。

　パネル表面にDFRチップが付着していたり、パターン設計上の問題で現像にてDFRチップが生じる場合がある。DFRチップは水洗で除去され、水洗槽の壁面（液面付近）に痕跡が残ることがある（**図 2.84**）。DFRチップ片自体は短絡不良の原因となるので、このような異常を発見した場合は、上流側の対策が必要である。

(5) 液切り

　水洗後は、①ゴムローラー（弾性を有する樹脂ローラー）で液切りする、②吸水性のあるスポンジローラーで水分を除去する、③エアーナイフで水分を除去する等、各基板メーカーで品質維持を考慮した方法がとられている。

---

*13　カスケード水洗：多段向流水洗とも呼ばれる多段水洗方法。最終段の水洗槽に給水し、給水で増量した分の水洗水を前の段へ順次送り、第1段から排水する方法。

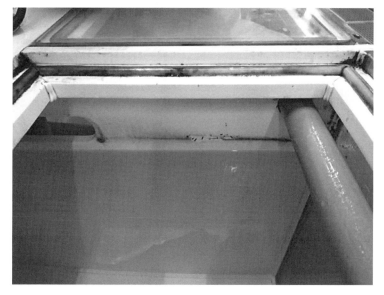

図 2.84　水洗槽壁面の汚れ

2.6　エッチング

2.6.1　概　　要

　DFR が現像処理されたパネルはエッチング工程へと進む。現像により DFR の未露光部分は溶解除去され、銅面が露出している。一方、DFR の露光された部分は、下層の銅面を保護するためのエッチングレジストとなる。エッチングラインの外観を**図 2.85** に示す。

　エッチングラインは一般的に、投入部⇒ウォーターカーテン⇒エッチング⇒酸洗⇒水洗⇒液切り⇒排出部　という流れで構成され、処理工程の特徴を以下に述べる。

2.6.2　各処理工程の特徴

（1）ウォーターカーテン

　エッチング工程でスプレーしている液は強酸液であり、次の目的のために本

図 2.85　エッチングライン実機例

工程を設けることが多い。

①スプレー液のミスト（霧状液体）がチャンバー外に漏れるのを防止する。
②ミストが結晶となり入口のローラーに付着、堆積するのを抑制する。

この工程は水洗工程と同じ構造であり、上下 1 本ずつスプレー管を配置し、ノズルから水をスプレーすることが多い。

(2) エッチング

エッチング工程では、フルコーンノズルまたはフラットノズルを用いてエッチング液をパネル表面に噴射し、現像で DFR を溶解除去した部分の銅を溶解する。エッチング液は一般的に、塩化銅または塩化鉄が使用される。

塩化銅（塩化第二銅エッチング液）は塩化第二銅（$CuCl_2$）を塩酸中に溶解したものである。塩化第二銅エッチングでの銅の溶解反応は次のようになる。

$$Cu(金属) + Cu^{2+} \rightarrow 2Cu^+$$

この一価の銅イオン（Cu^+）は不溶性の塩化第一銅（CuCl）として銅の表面に皮膜を形成するため、塩酸（HCl）で Cl^- を供給し、過酸化水素（H_2O_2）または塩素酸ナトリウム（$NaClO_3$）のような酸化剤を加えることでエッチング

第2章 サブトラクティブ法での回路形成

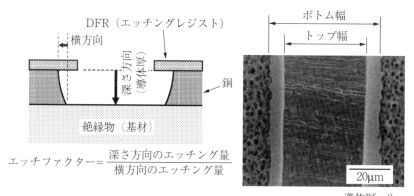

図2.86 エッチファクター

能力のある二価の銅イオン（Cu^{2+}）に酸化再生している。また、塩酸濃度を上げることによって、エッチング速度は増加するが、サイドエッチが増えエッチファクター（**図2.86**）が悪化する傾向になる。生産性と品質のどちらを重視するかによって塩酸濃度を設定することも可能である。

エッチングは他の処理工程以上に液濃度（液組成）の管理が重要であり、配線パターンの品質およびエッチング速度に大きく影響する。エッチング液組成は常時、液コントローラーで測定することが多い。比重、塩酸濃度、銅濃度（第一銅濃度、エッチング能力）を直接または間接的に測定し、水、塩酸、過酸化水素（酸化剤）を供給することで液組成を一定に保ち、エッチング速度を安定させている。

塩化鉄（塩化第二鉄エッチング液）は塩化第二鉄（$FeCl_3$）を重量パーセントで28～42％含む水溶液であり、水酸化鉄（$Fe(OH)_3$）の沈殿を防止するために0.2％以上の塩酸が添加されている。主要な反応は、銅がまず一価の銅（ほぼ不溶性）になり、表面膜を形成する。

$$FeCl_3 + Cu(金属) \rightarrow FeCl_2 + CuCl$$

これがさらに酸化されて、

$$FeCl_3 + CuCl \rightarrow FeCl_2 + CuCl_2$$

のように塩化第二銅（溶解性）となり溶解する。なお、この塩化第二銅は塩化第二銅エッチング液と同様にエッチング能力があるため、濃度が高まると溶解反応に寄与してくる。一般的に塩化第二鉄のほうが塩化第二銅よりもエッチング速度が速いが、銅の溶解が多くなると塩化第二銅のエッチング速度に近づき遅くなってしまうため、塩化第二鉄濃度を管理する必要がある。

エッチング速度を一定に管理するために、液コントローラーで測定する方法が多く、比重、塩酸濃度、塩化第二鉄濃度を直接または間接的に測定し、水、塩酸、塩化第二鉄新液を供給することで液組成を一定に保ち、エッチング速度を安定させている。新液自体が塩酸濃度の高い塩化第二鉄液を使用してエッチングする場合もある。この場合は比重のみで管理し、エッチングにより銅が溶解すると比重が上がり、設定比重に達すると塩化第二鉄新液を供給する方法である。

エッチング速度は液温度によっても大きく影響を受ける。一般的には、45～50℃で処理することが多く、チャンバー（槽）材質はPVC[*14]・耐熱PVC、金属材質はTi（チタン）が使用される。また、リードフレームのような金属材料のエッチングでは、それ以上の液温度が使用されることもあり、チャンバーは、その温度に耐性のある材質を使用している。

厚銅のエッチングまたは搬送速度が速い（生産量大）場合は、装置が長くなり、複数チャンバーが連結される構造となる。この場合、各チャンバーの液槽間での液組成および液温度を均一にすることが難しくなるが、品質維持のためには液循環方法が重要になる。

前述した通り、液組成を一定に保つために薬剤を供給しているが、このような液供給も複数の液槽に行うことと、液の動きがあるポイントに供給したほうが良い。薬剤の供給は液コントローラーからの指示（信号）で、ダイアフラム式の定量ポンプを使用し供給する方式が多い（**図 2.87**）。

エッチング品質およびエッチング速度は、使用するスプレーノズルによって

---

*14　PVC：ポリ塩化ビニル（polyvinyl chloride）の略。塩化ビニル樹脂、塩化ビニール、塩ビなどとも称される。

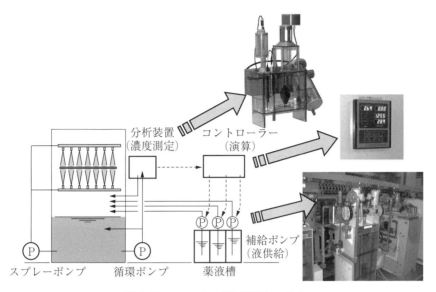

図2.87　エッチング液管理システム

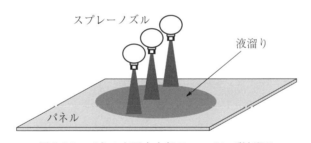

図2.88　パネル上面中央部のエッチング液溜り

も変わる。エッチング品質においては、ノズルの流量、流量分布、スプレー角度、パターン形状およびスプレー距離やねじれ角の設計により、面内の均一性に大きな影響を与える。また、パネルの上面中央部に発生する液溜り（**図2.88**）により、その部分のエッチング速度が遅くなり、面内の均一性が悪化する。エッチングの場合、均一性の悪化は配線パターンの品質に直結する問題となるため、最も重要な因子である。均一性を上げる方法としては、現像部と同様、首振りや水平揺動により液溜りを排除する機構（図2.71）がある。それに

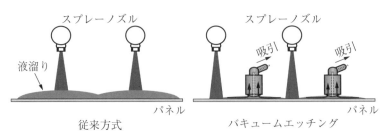

図 2.89　バキュームエッチングによる液溜り除去

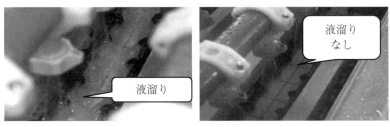

図 2.90　吸引有無による液溜り比較

より、パネル上面中央部のエッチング不足をある程度軽減することはできるが、細線パターンの形成は困難である。

現在、最も均一性が良い機構は、液溜りが起きないバキュームエッチング方式ではないだろうか。バキュームエッチング技術（特許権あり）を具備したエッチング装置の一つは「スーパーエッチング（株式会社ケミトロンの商品名）」である。図 2.89 のようにパネルにスプレーされた液を即座に吸引する機構であり、この方式によると、パネル上下面で同じ均一性が得られる。吸引有無でパネル表面の液溜りの状態を図 2.90 に比較して示す。

エッチング液中には、エッチングレジストである DFR の成分が溶出し、液槽の液面付近の内壁に汚染物質が付着することがある（図 2.91）。このような場合、定期的にアルカリ水溶液および塩酸で槽洗浄を行う必要がある。DFR成分はパネルに付着することでエッチングレジストとして働き、品質不良につながることもあるため細線パターンの場合は特に注意する必要がある。

パターン幅の細線化、高密度化が進んでいるが、サブトラクティブ工法（エ

図 2.91　DFR 成分による槽壁面の汚れ

ッチング法）でも細線パターンの形成が要求されている。一般的に、エッチング装置で使用しているノズルから噴射される液滴の平均粒径は 200 μm 前後であり、細線パターンの形成には限界がある。この課題を解決する方法の一つとして二流体ノズルを用いたエッチング方式がある。

　二流体ノズルとは、エッチング液と空気を混合させ、液滴を微粒化し、噴射するノズルである[*15]。これにより、一流体ノズルよりも微小液滴を、一流体ノズルよりも強い打力でパネルに噴射することができ、一流体ノズルよりも細線パターンの形成を可能としている。

　図 2.92 にスプレーされた液の粒径分布を一流体ノズルと二流体ノズルで比較したグラフの例を示す。二流体ノズルは粒径が小さく、粒径ばらつきも小さくなることがわかるが、粒径はノズルのオリフィス[*16]径、スプレー液圧、エア圧、気水比（エア流量/液流量）でも大きく変動するため、このグラフの粒径値に関しては参考程度にしていただきたい。同じスプレー液圧において、一流体ノズルと二流体ノズルでの噴射状態を比較した写真を **図 2.93** に示すが、明らかに二流体ノズルの方が微粒化している様子が見られる。

[*15]　アトマイザー（霧吹き）と同じ機能である。
[*16]　オリフィス（orifice）とは流体が流出する狭い開口部のことを指す。

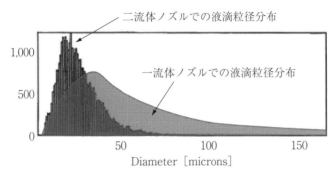

図2.92　スプレー液滴の粒径分布例

 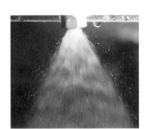

図2.93　スプレー状態の比較

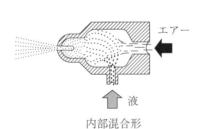 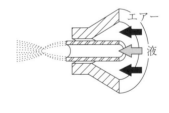

資料提供：株式会社いけうち

図2.94　二流体ノズルの構造

　二流体ノズルには内部混合形と外部混合形がある（**図2.94**）。内部混合形はノズル内部で液とエアーを混合する方式で一般的に微粒化に優れており、外部混合形はノズル外でエアーと液を混合させ、目詰りが少ない方式である。

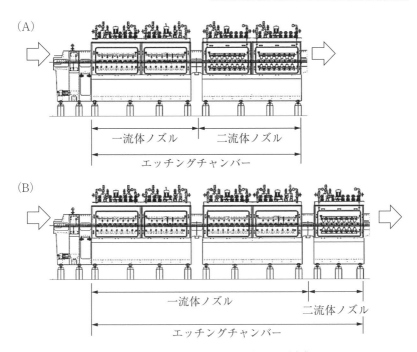

図 2.95　ハイパーエッチング装置の構成

　二流体ノズルでエッチング液をスプレーする際には大量のエアー（ブロワーまたは高圧エアー）を必要とするため、二流体ノズル経由でエッチングチャンバーに送り込まれたエアーを完全に排気しないとチャンバー開口部からエッチング液のミストが漏れてしまう。そこで、エアー量を最小限に抑え、環境負荷を軽減することが重要となる。**図 2.95** には、二流体ノズルを使用したエッチング装置の構成として、(A)、(B) の2種類の例を示す。エッチングの前半は一流体ノズルを使用してエッチングし、後半は、二流体ノズルを使用してエッチングを行う。「スーパーエッチング」で得られる高い均一性をベースとし、二流体ノズルを併用することで、エッチファクターを向上させたエッチング装置であり、装置名を「ハイパーエッチング（株式会社ケミトロンの商品名）」と言う（特許登録済）。

　ハイパーエッチングでエッチングした細線パターンの例を**図 2.96** に示す。

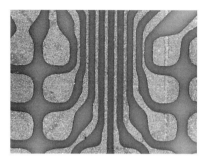 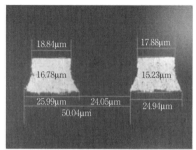

　　銅厚14μm、L/S＝20/20　　　　　　銅厚17μm、L/S＝25/25

　　　　　図2.96　ハイパーエッチングによる細線パターン形成

(3) 酸　洗

　エッチング後にゴムローラーまたはエアーナイフにてパネル表面の液切りを行う。次いで、酸洗工程で3％前後の希塩酸を使用し、パネル表面に残っている金属（特に不溶性の塩化第一銅、水酸化鉄）を溶解、洗浄することが多い。特に、塩化鉄エッチングの場合は、エッチング後に酸洗工程が必要である。酸洗をせずに水洗工程に入ると、不溶性の水酸化鉄を生じてしまい、ノズル詰りや装置内部の汚れ（褐色）の原因となる。

(4) 水　洗

　エッチング液の比重調整用の水供給は、前項の酸洗槽の液を使用する場合もあるが、第一段目の水洗水を使用する場合が多い。

　水洗は多段水洗とし、最終水洗には常時（運転中のみの場合が多い）一定量の新水を供給し、前段にオーバーフローさせ清浄度を維持する。

(5) 液切り

　水洗後は、①ゴムローラーで液切りする、②吸水性のあるスポンジローラーで水分を除去する、③エアーナイフで水分を除去する等の方法がとられている。

図 2.97　剥離ライン実機例

2.7　DFR 剥離

2.7.1　概　　要

　エッチングが終了したパネルは剥離工程へと進む。前述のエッチング工程では、配線パターン部以外の不要な銅を除去し、エッチング後のパネルは配線パターンおよびエッチングレジストであった DFR が残った状態となっている。剥離工程は、パネル上に残った DFR を除去する工程である。剥離ラインの外観を図 2.97 に示す。

　剥離ラインは一般的に、投入部⇒ウォーターカーテン⇒剥離⇒新液洗⇒水洗⇒酸洗⇒水洗⇒液切り（絞り、エアーナイフ）⇒乾燥⇒排出部　という流れで構成され、処理工程の特徴を以下に述べる。

2.7.2　各処理工程の特徴

(1)　ウォーターカーテン

　剥離工程でスプレーしている液は強アルカリ液であり、エッチング前のウォーターカーテンと同じ目的で本工程を設けることもある。

(2)　剥　　離

　剥離工程ではフルコーンノズルまたはフラットノズルを用いて剥離液をパネル表面に噴射し、パネル上の DFR を剥離する。剥離液は一般的に、濃度が 3 wt％前後の水酸化ナトリウム（NaOH）水溶液、または水酸化カリウム（KOH）水溶液が使われることが多い。温度は 50 ℃前後で管理しており、チャ

ンバー（槽）の材質は、ステンレスまたはPP（ポリプロピレン樹脂）を使用することが多い。

剥離液の場合も現像液やエッチング液と同様に液濃度および液温度の管理が必要であり、剥離速度（剥離時間）および剥離後のDFR片（剥離片と呼ぶ）の大きさに影響を与える。

液濃度が高い場合および液温度が低い場合、剥離片は小さくならず、剥離片がローラー等へ絡まる問題が生じることがある。一方、液濃度が低い場合および液温度が高い場合、剥離片は小片化され、小さくなりすぎると剥離片分離装置（後述する）で分離ができない問題が生じる。

安定して剥離するためには剥離液濃度を一定に保つ必要がある。処理枚数に応じて剥離新液を一定量供給する方法が最も多く、剥離槽が複数ある場合は後段の剥離槽または剥離後の新液洗槽に供給し、前段にオーバーフローさせる。また、剥離液の濃度も導電率計またはpH計を使用して監視することもある。剥離新液の調製および補給については現像新液での制御に準ずる（2.5.2（3）項参照）。

剥離が完了する位置（DFRが完全に除去される位置）をリフティングポイント（L.P.）と呼び、剥離のスプレー有効長の1/2～2/3の位置に設定することが多い。剥離が不十分な場合、後工程（水洗等）にまで剥離片が持ち出されてしまい、フィルター詰まりや穴詰まりとなるため、L.P.の設定も重要なことである。

パネルに噴射された液は、剥離液と剥離片に分離して回収するが、その分離方式には、①振動ネット方式、②回転ドラム方式等がある。

以下にそれぞれの特徴を記す。

①振動ネット方式は、スプレーされた剥離液と剥離片を振動しているネット（ステンレス製金網）で受け、剥離液は管理槽に戻り、剥離片はネット上に残る。ネットは常時振動することによって、剥離片を排出容器側に移動させ回収している（**図 2.98**）。

②回転ドラム方式は、常時回転するドラム状のネット内に剥離液と剥離片を落とし、剥離液と剥離片を分離し、剥離片を容器に回収している。特に、**図 2.99**の回転ドラム方式の装置の場合、装置下側に置かれた容器に剥離片が回収

第2章　サブトラクティブ法での回路形成

図 2.98　振動ネット方式

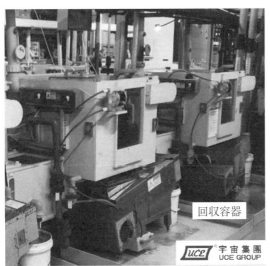

脱水された剥離片

図 2.99　回転ドラム方式

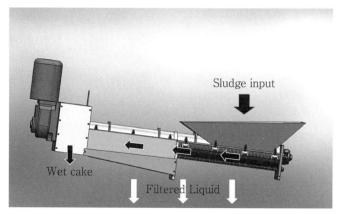

図 2.100　脱水機

図 2.101　含水量低減の例

される時点で、脱水された状態になるような機構を有している。

　通常、回収した剥離片は剥離液を多く含んだ状態であるため、脱水機（図2.100）を使用して剥離片の含水量を低減させ、減量することも行われている。図2.101に前記脱水機を使用して含水量が低減した例を示す。

　剥離管理槽の剥離液中には微細な剥離片が混入している可能性がある。この

第2章　サブトラクティブ法での回路形成

図2.102　サイクロン式濾過機

図2.103　剥離片分離装置

ままスプレーすると、ノズルが詰まる可能性があるため、ポンプの吐出側には濾過機を設けている。濾過機のタイプは、カートリッジフィルターやバッグフィルター以外にメンテナンスがほとんど不要なサイクロンタイプ（図2.102）や図2.103のような濾過機を設けることがある。

剥離液も現像液と同様、アルカリ性であり、スプレーを行うことで泡が発生する。その対策として、消泡剤の使用や液面の泡を吸引し高速回転させ遠心力で破泡する消泡装置を設置することが多い。

(3) 新液洗

剥離も新液洗も使用する剥離液は同じであるが、剥離新液は、本工程の管理槽に供給し、そこから剥離管理槽にオーバーフローする構造が多い。この工程の剥離液も剥離工程の剥離液同様の液温管理をすることが多い。

新液洗後のパネル表面の剥離液は極力除去し、後工程の水洗に持ち込まないようにする。

(4) 水　洗

水洗槽に入る剥離液を少なくし、水洗水の汚れを軽減する目的で、水洗工程の最初を放流水洗にすることがある。新水を直接、ノズルからスプレーしたり、次工程の水洗スプレー配管から分岐してスプレーしたりし、そのスプレー水はそのまま排水している。

新液洗後の水洗は多段水洗とし、洗浄性を上げるために温水を使用することもある。多段水洗の最終水洗には常時（運転中のみの場合が多い）一定量の新水を供給し、前段にオーバーフローさせ清浄度を維持する。

(5) 酸　洗

本剥離ラインでの処理が終了したパネルは、AOI（Automated Optical Inspection、自動光学検査）等により外観検査が行われることが多い。その際、配線パターン表面が酸化していると検査機での虚報が多くなるため、希硫酸などで配線パターン表面の酸化物を除去する。

(6) 水　洗

　酸洗後の配線パターン表面は腐食しやすい状態にあるため、水洗を十分に行わなくてはならない。

　この水洗も多段水洗とし、最終水洗には常時（運転中のみの場合が多い）一定量の新水を供給し、前段にオーバーフローさせ清浄度を維持する。

(7) 液切り

　最終水洗後は、吸水性のあるスポンジローラーでパネル表面の水分を除去する。吸水ローラーの汚れおよびローラーが乾燥してしまった場合はパネル表面のシミの原因となるため、維持管理が必要である。

　吸水ローラーの後工程が、エアーナイフ工程となる。吸水ローラーで水分を吸収した後に残った水膜も素早く除去することが必要である。ブロワーを使用して多孔状またはスリット状のノズルからエアーを吹き付けることにより、パネル表面だけでなくスルーホール等の穴内の水分も除去する必要がある。HEPAフィルターを設置し、同フィルターで濾過したエアーをスリットノズルから噴射することもある。

(8) 乾　燥

　エアーナイフで水分除去を行ったパネルに、ブロワーを使用し、温度管理した熱風を吹き付け乾燥させることが多い。また、乾燥チャンバー内の空気をHEPAフィルター等にて濾過しながら循環させることで、塵埃の少ない状態にすることもある。乾燥後のパネルは静電気を帯びているため、排出部には静電気除去装置を設置したり、金属製ローラーにて除電したりする場合がある。

参考文献：

1. ISO 14644-1:2015, Cleanrooms and associated controlled environments—Part 1: Classification of air cleanliness by particle concentration, 2015年12月
2. JIS B 9920-1：2019，クリーンルーム及び関連する制御環境—第1部：浮遊粒子数濃度による空気清浄度の分類，2019年3月20日

3．米国連邦規格 FED-STD-209D, Clean Room and Work Station Requirements, Controlled Environment, 1988 年 6 月 15 日

第3章

パターンめっき法での回路形成

パターンめっき法による回路形成の工程例を**図3.1**、**図3.2**に示す。いずれも、DFR現像までの前半の工程はサブトラクティブ法（エッチング法）の回路形成と同様の処理となる。サブトラクティブ法ではDFR現像後はエッチング工程になるが、パターンめっき法では銅めっき工程となる。

図3.1に示す工法では、DFRをめっきレジストとして使用し、めっき工程は、「銅めっき＋錫めっき」または「錫めっきのみ」の場合がある。金属めっき被膜（錫めっきが多い）はエッチングレジストとして使用され、太線枠で囲ったアルカリエッチング以降の工程について3.1節で述べる。配線パターンの狭ピッチ化に対応することでランドが小さくなり、信号接続用として使用するランド

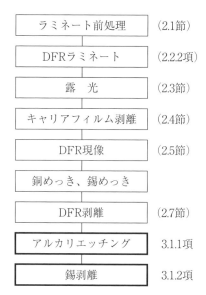

図3.1　パターンめっき法（メタルレジスト法）の回路形成工程図

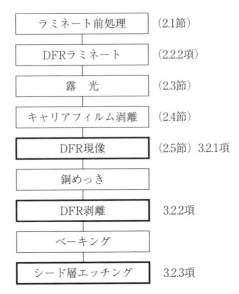

図 3.2　パターンめっき法（MSAP 工法）の回路形成工程図

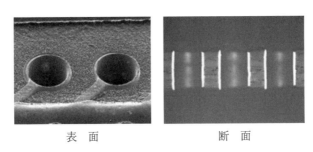

図 3.3　ランドレススルーホール

レススルーホール（**図 3.3**）の形成にも適用されている。

　L/S = 20/20 μm 以下の細線パターンや細線パターンでなくともパターン断面形状を重視する（矩形が要求される）場合には、MSAP 工法（Modified Semi-Additive Process）が適用されることが多い。MSAP 工法の工程を図 3.2 に示し、MSAP 工法で回路形成した細線パターンのパターン断面をサブトラクティブ法（エッチング法）と比較した例を**図 3.4** に示す。本章では、図 3.2 の太線枠で囲った DFR 現像、DFR 剥離およびシード層エッチングについて 3.2 節で述

第3章 パターンめっき法での回路形成

(1) MSAP法　　　　(2) サブトラクティブ法

銅厚18μm、L/S=20/20μm

図3.4　細線パターンの断面形状比較

べる。

3.1　パターンめっき法（メタルレジスト法）

3.1.1　アルカリエッチング

　パターンめっき後にDFRを剥離することで、パネル表面には銅（銅箔および銅めっき）と錫（錫めっき）が表れ、錫めっき被膜がアルカリエッチングのレジストとして働く。本工程で使用するエッチング液はアンモニア系のエッチング液であり、エッチングにより溶解する銅濃度の上昇を検出し、専用のコントロールユニットにて新液洗槽およびエッチング槽に連続的に新液を補給し、エッチング液組成を一定に管理している。

　図3.5に、DFR剥離とアルカリエッチングが連続したラインの構成を示す。**表3.1**に代表的な液組成、**図3.6**にアンモニアと塩素での再生反応、**図3.7**に

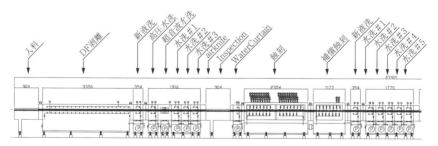

図3.5　アルカリエッチングライン構成例

165

表3.1 アルカリエッチング液での作業条件

作業条件	管理範囲
銅濃度（g/L）	135〜145
塩素濃度（g/L）	150〜170
全アンモニア濃度（mol/L）	8.2〜9.2
pH（20℃）	8.1〜8.5
比重（20℃）	1.200〜1.215
液温度（℃）	40〜50

エッチング反応メカニズム（メルテックス株式会社 エープロセス）

【主反応：エッチング反応】

$Cu + Cu(NH_3)_4Cl_2 \rightarrow 2Cu(NH_3)_2Cl$

──── 塩化アンモニウム錯体で銅を溶解させる

【再生反応】

$2Cu(NH_3)_2Cl + 2NH_4Cl + 2NH_4OH + 1/2\ O_2 \rightarrow 2Cu(NH_3)_4Cl_2 + 3H_2O$

塩化アンモニウム錯体が再生する ────

図3.6 エッチング反応および再生反応

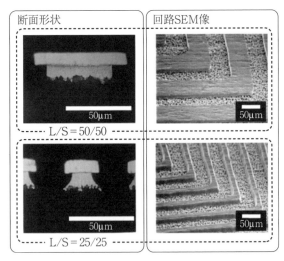

図3.7 アルカリエッチングによる配線パターン形状

第3章 パターンめっき法での回路形成

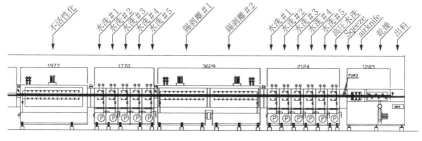

図3.8 錫剥離ライン構成例

この工法で回路形成したパターン形状を示す。

3.1.2 錫剥離

アルカリエッチング後に、エッチングレジストとなっていた錫めっき被膜を除去する処理である。強酸性の溶液で錫を溶解するが、下地の銅も錫の溶解量の1/10前後が溶解してしまう。金属が溶解することで溶液の比重は上昇し、剥離速度が低下するため、比重管理にて新液を供給して、一定の剥離速度を維持している。

アルカリエッチングと連続したラインとして構成する場合も多く、図3.8に錫剥離ラインの構成を示す。

3.2 パターンめっき法（MSAP工法）

図3.2に示したDFR現像～パターンめっき～DFR剥離～シード層エッチングの工程において、パターンめっき以外の装置は水平搬送方式が多く使用され、各工程間は分断されているシステムが多い。しかし、DFR現像部でパネルを治具に装着し、その治具のまま前記全工程を非接触垂直搬送方式で連続処理するシステムもあり、表3.2に示すメリットとともに製造コスト低減を図っている。装置名は「VC-SAP（株式会社ケミトロンの商品名）」と言い、その鳥瞰図を図3.9に、実機の写真を図3.10、図3.11に示す。

167

表 3.2　VC-SAP のメリット

要　素	VC-SAP	MSAP 標準工法
リードタイム	短⇒5 時間以上短縮	長
工程数	23 工程⇒40 % 短縮	37 工程
歩留まり	取扱い不良削減	—
装置専有面積	小（連続化、垂直搬送）	大
搬　送	非接触搬送（垂直搬送）	水平搬送または 非接触搬送（垂直搬送）

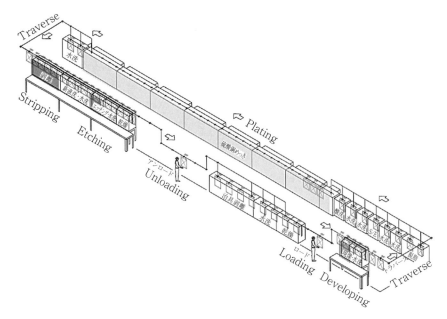

図 3.9　MSAP 垂直連続搬送システム（VC-SAP）

3.2.1　DFR 現像

サブトラクティブ法でのDFR現像と同じ管理が行われるが、シード層となる銅箔のプロファイル[*1]が小さくなると現像後のDFR密着にも影響が出てくる。

近年の細線化および高周波伝送の遅延、損失の回避のため、銅箔においては、

第3章 パターンめっき法での回路形成

図3.10 パターンめっきエリア（VC-SAP）

図3.11 DFR剥離～シード層エッチングエリア（VC-SAP）

＊1 プロファイルは表面粗さ測定での輪郭曲線（surface roughness profile）のこと、転じて表面粗さそのものを指す。

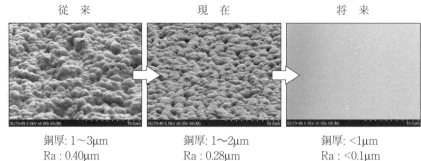

従　来	現　在	将　来
銅厚: 1～3μm Ra : 0.40μm Rz : 3.6μm	銅厚: 1～2μm Ra : 0.28μm Rz : 2.0μm	銅厚: <1μm Ra : <0.1μm Rz : <0.1μm

資料提供：日立化成株式会社

図 3.12　銅箔表面プロファイルの技術傾向

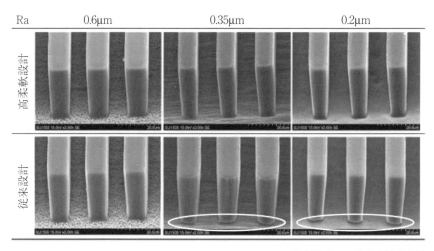

資料提供：日立化成株式会社

図 3.13　硬化した DFR の柔軟化による密着不良低減事例（L/S＝10/10 μm）

シード層の薄膜化、銅箔表面平滑化が進行する（**図 3.12**）。このような平滑な銅箔上で細線パターンを形成する場合、未着不良は顕在化する。これを回避するために、DFR メーカーは、硬化した DFR を柔軟化するような樹脂設計を行うことで対応している（**図 3.13**）。

3.2.2　DFR剥離

図 3.1 に示した工法による DFR 剥離では、使用する DFR 剥離液はサブトラクティブ法と同じ水酸化ナトリウム水溶液（2.7 節参照）が使われることが多い。

しかし、図 3.2 の MSAP 工法は細線パターンの製品で使用されることが多く、微細なパターン間の DFR を剥離するためには DFR を細かく粉砕できるような剥離液が必要となってくる。この目的で、従来からアミン系の剥離液が使用されてきたが、廃液処理が難しいという問題がある。それを解決するために水酸化ナトリウム等の無機アルカリを主成分として非アミン系の添加剤を加えることで環境負荷を低減し、細線パターンの DFR 剥離性を向上させている剥離液もある。

この剥離液に含まれる添加剤は、DFR の界面から剥離液が浸透する作用により、細線パターン部の剥離性を向上させている。そのメカニズムを**図 3.14** に示す。

従来の水酸化ナトリウム等の剥離液の場合、DFR 表面からの浸透であるため、DFR が膨潤することでベタ部分（配線パターンが太い部分）から剥離が開始する。それに対して、添加剤を加えた剥離液は、DFR 界面からの浸透が優勢であ

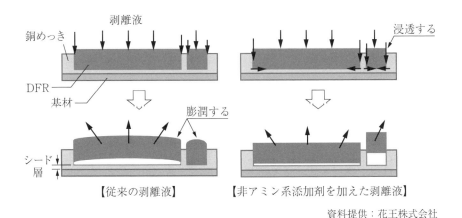

資料提供：花王株式会社

図 3.14　界面浸透による DFR 剥離性

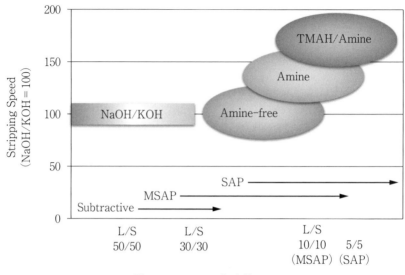

図3.15 微細パターン/剥離速度と各剥離剤の対応性

るため、細線パターン部分から剥離が開始する。

各種剥離液と細線パターンへの適合性および剥離時間を比較した例を**図3.15**に示す。

3.2.3 シード層エッチング

図3.2に示した最終工程であり、硫酸-過酸化水素を主成分とするエッチング液を使用し、フラッシュエッチングまたはクイックエッチングとも呼ばれている。主成分はラミネート前処理の化学研磨と同じであるが、その工程とは異なる作用をする添加剤も調合されている。この工程で使用するエッチング液はサイドエッチング量の抑制、肩ダレ抑制、アンダーカット（**図3.16**）抑制、銅めっき表面のピット（**図3.17**）抑制が重要となる。

装置は、2.1.2項の化学研磨とほぼ同じ仕様であり、エッチング量は処理時間およびエッチング液の温度・濃度で決まる。変動要因となる濃度管理を十分に

第3章　パターンめっき法での回路形成

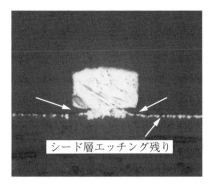

図3.16　アンダーカット

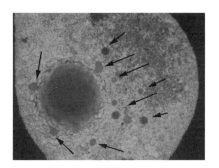

図3.17　銅めっき表面のピット

行う必要があり、処理するパネルの面積または枚数に応じて薬液供給するシステムや自動管理装置により分析し薬液を供給するシステムがある。

第4章

ソルダーレジスト（SR）形成工程

4.1 概　　要

　回路形成が終了したパネル表面は、銅箔または銅めっきによる配線パターンが形成されている。配線パターンは、次に挙げる目的のためにソルダーレジスト（以下、SRと略す）で覆うことで保護する必要がある。

(1) 配線パターンの酸化防止
　銅はすぐに酸化してしまうため、ほこり、熱、湿気から配線パターンを保護し、配線パターン間の電気絶縁性を維持する。

(2) 配線パターン剥離・傷の防止
　外部からの衝撃による配線パターン破損および配線パターン間への異物挟まりを防止する。

(3) 実装時のはんだ付着防止
　部品実装時の際、電気的な接続が必要な部分以外の配線パターン部に、はんだが付着することを防ぐ。

　図4.1のSR形成の工程において、本章では代表的な工法として、太線枠で囲った工程について記載した項番号で詳細を述べる。SR形成工程は、2.1節～2.5節で述べた回路形成工程と類似しているため、**図4.2**に両工程を対比し、回路形成工程と比較しながら述べる。

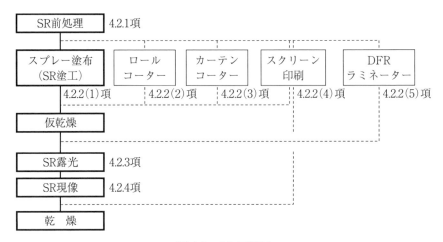

図 4.1　SR 工程図

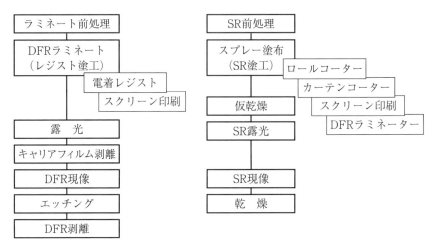

図 4.2　回路形成工程と SR 形成工程の比較

4.2　各処理工程の特徴

4.2.1　SR 前処理

　SR 塗工を行う前工程として、パネル表面の清浄化、配線パターン表面の清浄化および SR の密着性を上げるための処理が目的となる。このために機械研

磨または化学研磨を行っており、管理項目は回路形成でのラミネート前処理（エッチングレジスト前処理）と同じであるため、各処理の詳細は2.1.2項を参照していただきたい。

バフ研磨（不織布バフ）および化学研磨の連続処理、ジェットスクラブ研磨および化学研磨の連続処理が多く使われている。

バフ研磨は回路形成でのラミネート前処理で使用する不織布バフよりも細かな番手が使用されることが多い。特に細線パターンになると、バフ研磨により配線パターンのダレ、短絡不良が発生しやすくなるので、細目のバフを使用し、研磨圧も上げ過ぎないように管理して行う必要がある。また、バフカスは配線パターン間に詰りやすく取れにくいため、バフカスが出にくいバフを選定する必要があり、研磨中および研磨直後の水洗も重要となる。

ジェットスクラブ研磨の場合、スクラブ砥粒がスルーホールまたは配線パターン間へ挟まり残ってしまうことがあるため、砥粒径の管理および後水洗工程の管理が重要となる。

化学研磨は、硫酸-過酸化水素系や有機酸系が使用されるが、使用する薬品により配線パターン表面の色合いが異なるため、外観上の問題が発生しないように管理する必要がある。一般的に、硫酸-過酸化水素系よりも有機酸系のほうが粗化が大きく、粗化凹凸形状を複雑にすることでSRの食いつきを良くしている。いずれの研磨方法でも、パネルに異物、薬品、水分が残ってしまうとSRのはじきや密着不良の原因となってしまう。研磨後は十分な水洗を行い、乾燥工程ではパネル表面および穴内の水分を完全に除去することが重要である。

4.2.2　SR塗工

電気機器の高機能化により配線パターンは高密度となり、SRには次のような特性が要求されている。

①はんだ耐熱性および耐熱衝撃性が良いこと。

②耐湿および耐溶剤性に優れていること。

③配線パターンおよび基材との密着性が高いこと。

④絶縁性および耐電食性が優れていること。

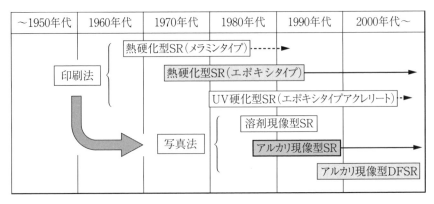

図 4.3　SR（ソルダーレジスト）の変遷

SRインキも**図 4.3**に示すように変化しており、現在は、写真法でのアルカリ現像型SR（本書では液状レジストと呼ぶ）が主流になっている。これは、パネル全面に液状レジストを塗工した後、仮乾燥・露光・現像・乾燥（硬化）の順でSRパターンを形成する工法であり、塗工方法の概要を**図 4.4**で比較する。液状レジストの塗工方法は、スプレーを使用した工法の比率が高くなっているが、それ以外に、スクリーン印刷でSRパターンを直接形成する工法やDFRを使用するラミネート工法があり、それぞれの特徴を以下の項で述べる。

(1) スプレー塗布

液状レジストの塗工装置としては、スクリーン印刷機が多く使用されていた。ほぼパネル全面に渡って塗工されるようなスクリーン版を用いて、液状レジストを印刷していたが、現在は、スプレー装置による塗工が多くなっている。スクリーン印刷機とスプレー装置を比較した場合、スプレー装置は次のようなメリットがある。

- 細線パターン間への入り込みが良い
- スクリーン印刷のような方向性が出ない
- 小径穴（例えばφ0.2以上）へのレジスト詰りがない
- 生産性が良い

スプレー装置によるSR塗布は、30年以上前から量産で使用されているが、

第4章 ソルダーレジスト（SR）形成工程

	スプレー	ロールコーター	カーテンコーター	スクリーン印刷
塗布方法	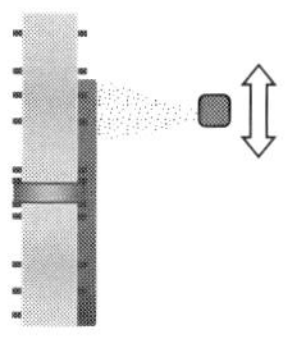	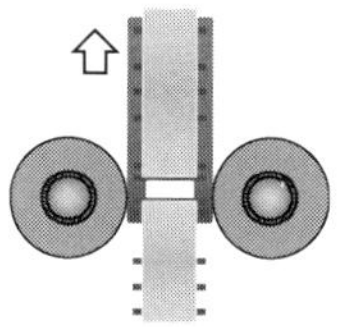	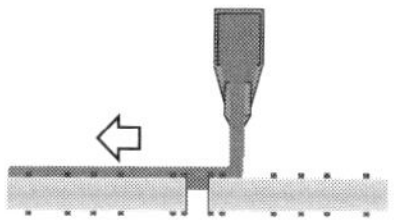	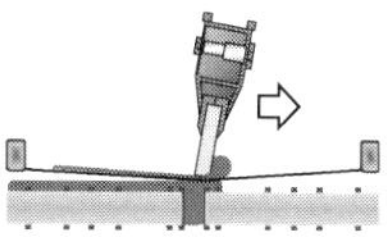
メリット	適正膜厚になる。インクが泡立たない。穴詰りが起きない。	両面同時塗布が可能。	膜厚を確保しやすい。生産性良好。	比較的簡易的な設備。
デメリット	膜厚を厚くすることが難しい。生産性が低い。	膜厚の調整が難しい。均一塗布が難しい。	膜厚を薄くすることが難しい。片面塗工のみ。	ピンホールの発生。作業者の経験が必要。

図4.4 SR塗工方法の比較

当初はエアスプレー装置やエアレススプレー装置が使用されていた。これらの方法は、コンプレッサで供給する圧縮空気を使用して、液状レジストを細かな霧状にしてパネルに塗装する方法である。しかし、液状レジストの飛散が多く塗着効率が悪いため、現在では静電スプレー装置に置き換わっている。この方法では、液状レジストを霧化しながら塗布するベル型静電スプレーガンが使用されていて、次のような特徴がある。

- ベル型カップの高回転により微粒化しやすい
- 高粘度のレジストにも対応できる（30秒－120秒/イワタカップ）[*1]
- 静電作用により塗着効率が高く、レジストの無駄が減る
- 塗装ブースの汚れが低減できる

カップ内には高電圧が印加され、霧状のレジストは帯電し、アースに接続さ

---

*1 粘度カップによる粘度測定法：底部に小孔（オリフィス）を有するカップからの流出時間（秒）で粘度を測定する方法。カップの形状に依存する測定値になる。各種形状のカップが提供されている。ザーンカップ、イワタカップ、フォードカップなど。

れたパネルに引き寄せられ塗着するメカニズムである。

静電スプレーガンの設置方法は、図 4.5 のように水平方式と垂直方式がある。図 4.6 に水平方式の実機、図 4.7 に垂直方式のレイアウト図を示す。いずれの方式も、Load 部でパネルをクランプして吊り下げ、塗装ブースで SR を塗工し、熱風乾燥炉で仮乾燥する工程となっている。

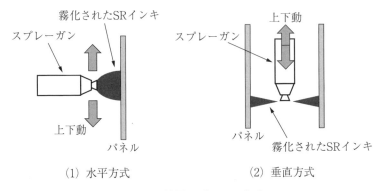

(1) 水平方式　　　　　(2) 垂直方式

図 4.5　静電スプレーの方式

資料提供：株式会社ファーネス

図 4.6　静電スプレー装置（1）

第4章 ソルダーレジスト（SR）形成工程

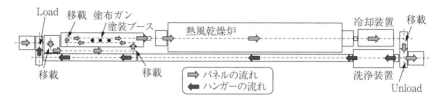

図 4.7 静電スプレー装置（2）

1回塗布　　　　　　　2回塗布

図 4.8 静電スプレーによるパターンエッジカバーリング

　この工法では、一度に厚く塗布することは難しいため、厚銅配線パターンのエッジカバーリングおよび有底ビアの穴埋めは、静電スプレーガンを複数設置し連続塗布している（**図 4.8**）。

(2) ロールコーター

　ゴムローラーにV溝を切り、V溝に保持されたレジストを転写して塗布する方法である。実例として、パネル上端をクランプし、上方へ引き上げながら、パネル両面に塗布する装置を**図 4.9**に示す。ロールコーターの場合、**図 4.10**のように平坦な塗工が可能となる。

(3) カーテンコーター

　カーテンコーターは、その装置に適した粘度に調整されたレジストをスリット状のノズルから帯状（カーテン状）に落下させ、その中にパネルを通過させ

資料提供：株式会社ファーネス

図 4.9　ロールコーター

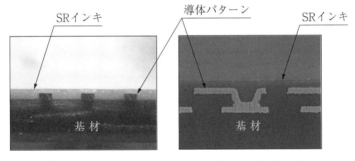

図 4.10　ロールコーターにて SR 塗布した基板の断面

ることによってパネル全面にレジストを塗布する装置である（**図 4.11**）。

　大量生産には向いているが、片面塗布であることと、インキ切り換えができない等のデメリットがある。

(4) スクリーン印刷

　本項では、スクリーン印刷で直接 SR パターンを形成する方法について述べる。

第4章 ソルダーレジスト（SR）形成工程

図4.11 カーテンコーターによるSR塗布

　近年、プリント配線板の高精度化に伴い、SRの位置精度の要求も厳しくなり、この方法では対応できなくなってきた。スクリーン印刷法はエッチングレジスト塗工（2.2.3（2）項）でも簡単に述べたが、SR塗工工程でも古くから使われていた方法であり、プロセスもエッチングレジスト塗工と同じである。

　この方法は、SRパターンが形成されているスクリーン版を使用し、回路形成後のパネル上に、スクリーン版のSRパターン形状で印刷する方法である。ここで使用するインキには、熱硬化タイプと紫外線硬化タイプがあり、印刷後のパネルは熱風乾燥機（熱硬化タイプ）、UV乾燥機（紫外線硬化タイプ）で硬化している。

　品質面では、パネルの配線パターンとスクリーン版のSRパターンの合わせ精度が重要となり、高精度化および量産に対応するためには、位置合わせおよびパネルの投入、排出も自動で行う全自動印刷機も使用される（図4.12）。

　全自動印刷機の場合は、搬入されてきたパネル表面にある基準マークを印刷部前段のCCDカメラで読み取り、パネルの位置をXYθ補正してスクリーン版の基準マークと合わせこみ、印刷部へ送っている（2.3節の露光機での位置合わせと同じようなシステム）。

　位置合わせ精度以外の不良としては、「かすれ」や「にじみ」があり、スキージの硬度・角度・摩耗度・速度・押し圧、スクリーン版とパネルとのクリアランスおよびインキ粘度等の管理が必要である。

　次に、スクリーン印刷で使用するスクリーン版（スクリーンマスク）を作

資料提供：株式会社セリアコーポレーション

図4.12　スクリーン印刷機実例（全自動印刷機）

工程（製版工程）について簡単に説明する（**図4.13**）。

製版工程は、

①アルミ製の枠にポリエステル、ステンレススチールあるいはナイロンの紗を張ったものに、

②感光性乳剤を塗り、

③フォトリソグラフィーでパターンを焼き付け、

④不要な部分の乳剤を現像プロセスで除去している。

使用する紗の番手・開口率・テンション、乳剤種類、乳剤厚の条件管理が必要であり、それぞれの条件と印刷作業条件とのマッチングも重要になる。

(5) DFRラミネーター

この工程でラミネートするパネルの表面は銅の配線パターンが形成されている。その上にDFRをラミネートする場合、常圧ラミネーターで処理すると配線パターンの段差部分に気泡（ボイド）やシワが発生しやすい。そこで、追従性が良く、段差埋め込みが可能な真空ラミネーターを用いた方法がある。真空ラミネーターには、2.2.2項で述べたような回転しているヒートローラーで貼っていく方式とパネルとDFRを真空雰囲気で熱プレスして貼り合わせる方法が

第4章　ソルダーレジスト（SR）形成工程

工程順		
紗張り	アルミ製の枠にポリエステル等の紗を張る	
乳剤塗布	感光性乳剤を塗る	
露光	パターンを焼き付ける	
現像	不要な部分の乳剤を除去し乾燥する	

資料提供：株式会社セリアコーポレーション

図4.13　製版工程

ある。

　ヒートローラー方式の真空ラミネーターの実機を図4.14、その構造を図4.15に示す。この構造では、シールローラーを設けることで大気圧空間とラミネートする減圧空間が区分され、パネルの連続投入を可能にしている。

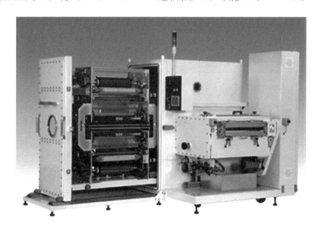

資料提供：日立化成株式会社
図4.14　真空オートカットラミネーター

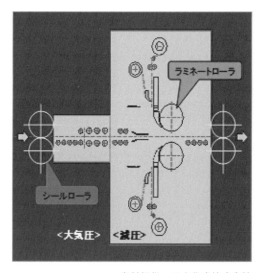

資料提供：日立化成株式会社
図4.15　真空オートカットラミネーターの構造

第4章 ソルダーレジスト（SR）形成工程

外観

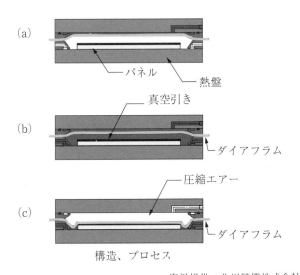

構造、プロセス

資料提供：北川精機株式会社

図4.16 加圧式真空ラミネーター

一方、連続処理ではないが、**図4.16**のような真空ラミネーターで処理する方法もあり、それは次のような処理工程になる。
①パネルサイズにDFRを切断し、パネルとDFRを重ねる。
②パネル（DFR）を真空ラミネーター内に入れる（同図（a））。
③真空ラミネーター内のパネルとダイアフラムの間の空気を真空引きする（同図（b））。
④ダイアフラム上部側に空気を入れることでダイアフラムが膨らみDFRが

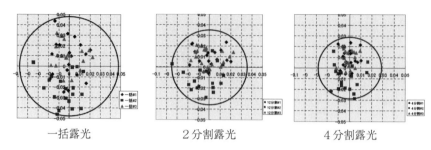

| 一括露光 | 2分割露光 | 4分割露光 |

資料提供:株式会社アドテックエンジニアリング

図 4.17　分割露光による整合精度

押えられ、パネル表面の凹凸に追従する(同図(c))。

⑤真空ラミネーター内の真空を解放し、パネルを取り出す。

4.2.3　SR 露光

SR 露光機の構造は、2.3 節で述べた回路形成工程での露光機とほぼ同じである。本項では、回路形成用露光機との違いについて述べる。

この工程におけるパネルの状態は、それまでの処理過程における吸水(吸湿)、乾燥(熱負荷)により歪みや伸縮が起きているため、このまま正規の寸法で露光すると、配線パターンと SR パターンとの間に位置ずれが発生してしまう。そこで、図 2.57 でも述べた分割アライメントにより露光が行われることも多い。分割露光による整合精度を一括露光の場合と比較すると、図 4.17 に示すように整合精度が向上していることがわかる。

主として使用される液状レジストの硬化には、多くの露光量と熱が必要なので、高出力なメタルハライドランプが使用されることが多い。メタルハライドランプは、高圧水銀ランプをベースとしてハロゲン化合物を加えたランプであり、連続スペクトルが得られる。ただし、高解像度が必要になった場合は、超高圧水銀ランプや LED が使われることがある。

第4章　ソルダーレジスト（SR）形成工程

> **メタルハライドランプ**
>
> 　メタルハライドランプとは、金属のハロゲン化物（ナトリウム、タリウム、インジウム、スカンジウム、ジスプロシウム、錫などのハロゲン化物[*2]の単体または組合せ）の蒸気中のアーク放電によって放射する、金属特有の光を利用する高輝度放電ランプのこと。
>
> 　**図4.18**に、ショートアークメタルハライドランプ（交流点灯型）の構造を示す。
>
>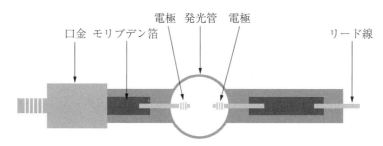
>
> 図4.18　メタルハライドランプの構造
>
> ウシオ電機株式会社ホームページより

4.2.4　SR現像

　2.5節で述べた回路形成の現像工程と同様のプロセスである。

　しかし、回路形成の現像工程で溶解するDFR成分とは異なり、液状レジストには、樹脂、モノマー、熱硬化成分と耐熱性、耐薬品性を高める成分が含まれている。これら、現像液に溶解しにくくかつ無機フィラーも含有しているためスカム（scum、不溶解性成分）が堆積しやすくなる。

　そのため、液管理槽の構造（位置）は**図4.19**のような現像チャンバー一体型（スプレー部の直下に液管理槽を配置）ではなく、**図4.20**のような別置き型にし、管理槽内の清掃がしやすい構造が良い。スプレーパイプ内にもスカムが堆

[*2]　ハロゲン化物：ハロゲン（フッ素・塩素・臭素・ヨウ素などの第17族元素）の化合物。例えばヨウ化ナトリウム、ヨウ化スカンジウムなど。

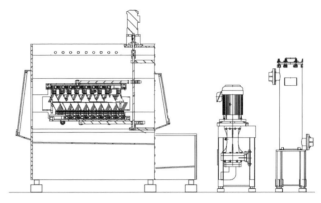

図 4.19　現像管理槽構造（一体型）

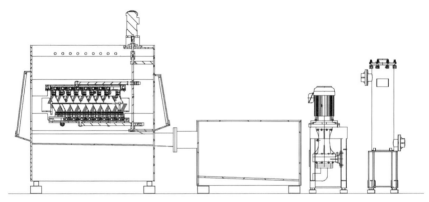

図 4.20　現像管理槽構造（別置き型）

積しやすいため、定期的に専用の洗浄液を使用してスカム除去を行う必要がある。

また、水洗槽（水洗水）が汚れていると、その汚れがパネル表面に再付着することもある。水洗槽においても定期的な薬品洗浄が必要である。

第３部

品質管理：不良とその対策

第 **5** 章

トラブルシューティング

　本書で述べてきたプリント配線板の製造工程において発生する不良について考える。
　不良発生原因としては自工程が原因となる場合だけでなく、前工程での処理が原因となる場合もあり、不良として発見されるのは自工程内検査の場合もあれば、最終検査工程の場合もある。最悪の場合は、客先で発見されクレームとなることもある。
　プリント配線板の不良として多く発生する回路形成工程において、形成される配線パターンには次の条件が満たされていなければならない。
(1) 配線パターンに欠陥がないこと。
- 断線（オープン）、欠け、ピンホールがないこと。
- 短絡（ショート）、突起、銅残りがないこと。
- パターンの細り、太りがないこと。
- スルーホール断線（テント破れ[*1]）がないこと。

(2) 配線パターン幅が設計通りであること。
- パネルの同一面内、パネル表裏およびロット内、ロット間での寸法差が小さいこと。
- 配線パターンの導体の向き（縦線、横線、曲線、斜め線）での寸法差が小さいこと。
- 配線パターンの場所（角部、直線部）において寸法差が小さいこと。
- パターン導体断面が矩形に近い形状であること。

[*1] テント破れ：エッチング法において、ドライフィルムのテンティングに損傷・欠陥があること。エッチング液が孔内に侵入し、スルーホール断線の原因となる。

このような回路形成を実現するためには、前工程である穴あけ工程や銅めっき工程も重要であり、ラミネート前処理からDFRラミネート、露光、現像、エッチング、DFR剥離に至るまでの回路形成の各工程の管理が重要となる。
　ここでは、以上の各工程が関係する不良の原因および対策について述べる。

5.1　回路形成の前工程が関係する不良

5.1.1　穴あけバリおよびバリ取り研磨

　穴あけ条件不適により発生した穴コーナーのバリが研磨で除去できず、銅めっきにて穴周囲が盛り上がってしまった不良の写真を図5.1に示す。テンティング法の場合、この状態でDFRラミネートしても穴コーナーでテント破れが起き、スルーホール断線になることが考えられる。

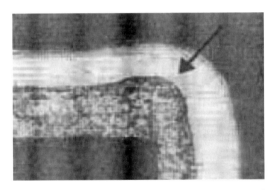

図5.1　穴周囲のバリが原因の銅めっき後の盛り上がり

5.1.2　穴埋め後平坦化（穴埋め研磨）

　樹脂で穴埋めする製品で発生する不良であるが、パネル表面に打痕（凹み）があったため、その部分にインキが充填されてしまい、穴埋め研磨後もそのインキが残っている（図5.2）。このまま回路形成されると、短絡不良になる可能性が高い。

第5章　トラブルシューティング

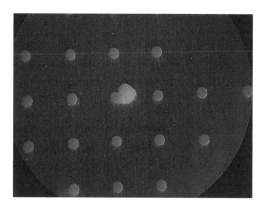

図 5.2　穴埋め研磨後のパネル表面

5.1.3　パネル表面の傷

穴あけから電気銅めっきの工程において、パネルを取り扱う作業の際に発生することがある。パネル表面の局所に大きな圧力がかかり、銅箔表面が互いに擦れ合うことで銅箔の一部（数 100 μm の長さ）が剥がれ、相手方の銅箔に溶着するような状態で傷が発生することがある（**図 5.3**）。傷が無電解銅めっき後に発生すると、剥がれた部分には電気銅めっきが付かず、断線になることがある。傷の形状は三角形であることが特徴であり、「三角傷」と呼ばれることもある。**図 5.4** は、三角傷が原因となったパターン不良を示す。

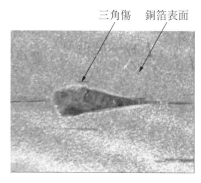

図 5.3　三角傷

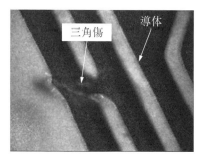

図 5.4　三角傷によるパターン不良

195

積み重ねられたプリント配線板材料を移し替える作業でも発生しやすいため、次のような作業方法を心掛ける必要がある。

- 一度に持つ材料の枚数を少なくする
- 材料同士が擦れるような動作をなくす
- 強い力でつかまない

この特徴的な傷不良は、電気銅めっき前の銅層が薄い状態で発生しやすく、特に、ピール強度の小さい材料ほど発生しやすいが、電気銅めっき後の銅厚でも取り扱いが雑になると傷は発生する。パネル表面の傷は不良につながりやすいので、丁寧な取り扱いを心掛けることが必要である。

5.1.4　銅めっき前の異物による短絡不良

銅箔の上に異物が付着し、その上から銅めっきされた場合、図 5.5 のような形状の短絡不良となることがある。回路形成のエッチング工程において、配線パターン間の銅めっきはエッチングされるが、その下の異物がエッチングレジストとなって、銅箔がエッチングされずに短絡不良となる。

銅めっき前工程である研磨やデスミアにおいて、ローラー等に付着している異物が転写することがある。特に、粘着性のある異物の場合は水洗の圧力でも取れず、その上から銅めっきされて、このような不良の原因となるため、これらの装置の日常管理が必要である。

図 5.5　銅めっき下の異物が原因となる短絡

第5章 トラブルシューティング

図 5.6　研磨で発生したスクラッチ傷

5.1.5　銅めっき後研磨（ブツ・ザラ研磨）

銅めっきで発生したパネル表面の突起物（ブツ、ザラ）は、回路形成にて断線不良または短絡不良になる可能性がある。

銅めっき前研磨にて発生したスクラッチ傷（図 5.6）だけでなく、銅めっき前のパネル表面に大きな傷があると、その部分が核となり銅めっきにて突起物（ブツ）に成長する。傷が原因でブツになった写真を図 5.7、このようなブツが原因となり短絡不良になった例を図 5.8 に示す。

例えば、銅めっき後の研磨で除去できなかった大きなブツは、ラミネート前処理の機械研磨や化学研磨でも除去できずにエッチング後も残ってしまう可能性が高い。図 5.9 に回路形成前後でのブツ形状の変化を示した。

5.1.6　銅めっき厚のばらつきによるパターン幅異常

銅めっき工程内の抜き取り検査における検出は困難であるが、パネル内・ロット内において、銅めっき厚ばらつきが大きいと、エッチングにおいてパターン幅のばらつきが大きくなり、断線不良・短絡不良となる。特に近年は、プリント配線板の高精細化が進みパターン幅の精度向上が求められているため、めっき厚均一性は重要な管理項目となっている。

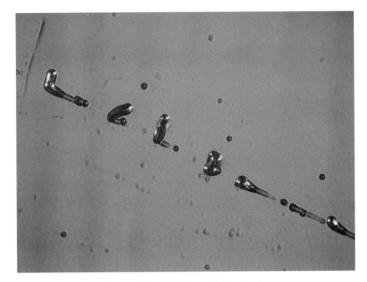

図 5.7　傷が原因となるめっきブツ

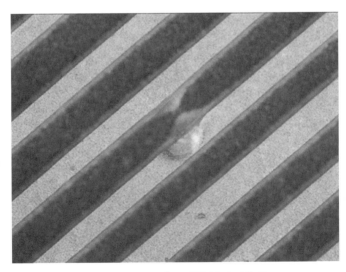

図 5.8　めっきブツが原因となる短絡

第5章　トラブルシューティング

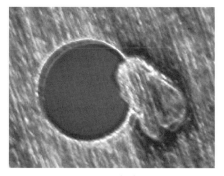
回路形成前

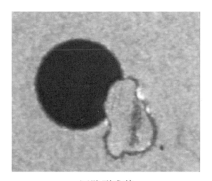
回路形成後

図 5.9　回路形成で除去できなかったブツ

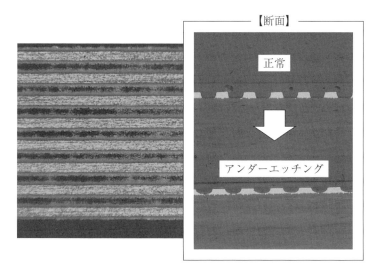

図 5.10　パターン太り（良品との断面比較）

　要因としては、銅めっき装置のアノード（陽極）種類、極間距離、遮蔽板形状、遮蔽位置、めっき治具、撹拌方法等があり、それぞれを最適な状態に管理する必要がある。
　銅めっきが厚い部分で発生する、アンダーエッチング（エッチング不足）によるパターン太り（短絡不良）の例を図 5.10、銅めっきが薄い部分で発生する、

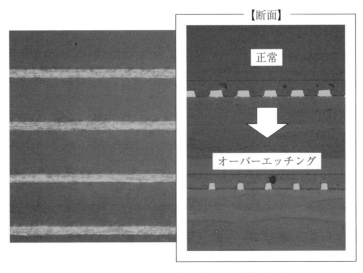

図 5.11　パターン細り（良品との断面比較）

オーバーエッチング（エッチング過剰）によるパターン細りの例を**図 5.11**に示す。

5.1.7　銅めっき未着によるスルーホール断線

銅めっき工程の前処理から電気銅めっきまでの間で、スルーホール内の気泡が除去できずに残ってしまい、その部分に液が入らず銅めっきされなかったために発生することが多い（**図 5.12**、**図 5.13**）。気泡を除去するために、次のような方法またはそれらを組み合わせた方法が取られている。

- 揺動（カソードロッカー）
- シリンダショック（衝撃）
- バイブレーション（振動）
- パネルを傾斜させて処理する

5.1.8　スミア残りによる断線

ドリルでの穴あけまたはレーザー穴あけの条件が不適切であると樹脂スミア

第5章　トラブルシューティング

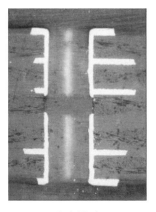

図5.12　めっき未着（スルーホール）

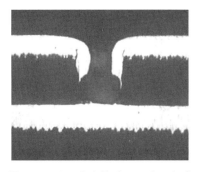

図5.13　めっき未着（レーザービア）

(a)

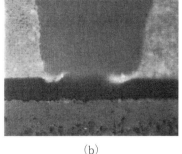

(b)

図5.14　レーザービア底部のスミア

が発生しやすくなり、過マンガン酸塩などによるデスミア処理でも取りきれない場合がある。**図5.14**はレーザービアの断面写真であり、スミア残渣または樹脂残りがあると同図（a）のように穴底の中心部のみでしか内層と接続していないのがわかる。同図（b）は同図（a）のような状態のクロスセクション試料の銅をエッチングしたものであり、穴底の周囲にスミア（または樹脂）が残っているのがわかる。このような状態で銅めっきを行っても、内層の銅と接続していないか、接続している面積が小さいため、実装工程のはんだ付け等での熱ストレスで破断してしまう。

201

5.2 回路形成工程での不良

前述した通り、回路形成よりも前の工程において、パネル表面に付着した粘着性異物や露光障害となる異物は、断線、短絡、欠け、突起不良等の原因となる。2.1節で述べたラミネート前処理の方法では除去できない異物等も多いので、正確な異物の解析、発生源の特定と対策が重要となる。

もちろん、回路形成工程で付着する異物による不良や処理方法、処理条件、パネルの取り扱いが原因となる不良もあり、その原因を正確に把握して対策を行う必要がある。以下に、主な不良について、その不良形状、発生メカニズムと考えられる原因および対策について述べる。

5.2.1 断線・欠け（裾残り形状）

断線の形状はなだらかな裾残りの形状で、「ディッシュダウン」と称する場合もある。

(1) DFRの密着が弱い部分にエッチング液が浸み込み断線に至るケースであり、その原因は次のいずれかが考えられる。

①ラミネート前処理工程からDFRラミネート工程の間でパネル表面に付着した異物・薬品残渣・水残渣によりDFRの密着が阻害される（図 5.15）。

図 5.15　DFR密着不良による断線

第5章　トラブルシューティング

図 5.16　打痕による欠け

②パネル表面の傷・打痕によりDFRの密着が阻害される（**図 5.16**）。
③粗化不足またはDFRラミネートの不具合によりDFRの密着が弱い。
（2）ラミネート前処理、DFRラミネートの工程においては次の対策が必要である。
①異物発生源の調査および対策を行う。
②パネル表面に付着した異物の除去方法に問題がないか確認し、不十分な場合は改善を行う。
③薬品または水の残渣がある場合は、水洗・液切り・乾燥等が十分であるか確認する。
④機械研磨または搬送ローラー等でパネル表面に傷・打痕を付けていないか、または、前工程からの受入れの段階で傷が付いていないか調査および対策を行う。
⑤パネル表面の洗浄不足や乾燥不足によるウォーターマークがDFRの密着を阻害する場合がある。水洗槽の内壁にヌメリがあると、それが原因となるので、その部位のメンテナンスも重要となる。
⑥銅層の粗化が不十分な場合、DFRの密着不足となる。粗化条件、粗化薬品について、再確認し密着性を改善する必要がある。

図5.17 搬送ダメージによるディッシュダウン

⑦DFRラミネーターのヒートローラーに傷があると、その部分の密着が弱くなる。パネル内に同じピッチで不良が発生している場合、この可能性が高い。ヒートローラーの温度が低い場合、または加圧不足、ラミネート速度が速い、ラミネート直前のパネル表面温度が低い場合も密着不良となる。

(3) 現像工程またはエッチング工程においては、搬送によりDFRにダメージを与え、配線パターンがエッチングにより不良となる場合がある（**図5.17**）。

①搬送ローラーに付着した異物、凹凸等によるダメージが考えられる。特に、液がかからない部分の搬送ローラーに異物が付着していないか、エッチング装置のチャンバー入口側にエッチング液結晶が付着していないか定期的な確認および清掃が必要である。

②搬送ローラーの回転異常によるダメージが考えられ、搬送ローラーのギヤ磨耗、噛み合わせずれまたは、ホイール同士の接触がないか確認する。日常点検および摩耗ギヤの定期的な交換が必要である。

③搬送ローラーのホイール形状によっては、パネルの重量により接触部に荷

重がかかりやすく DFR がダメージを受けるため、それを防止する形状を検討する。

④エッチングラインの中間に反転機がある場合、ローラー・ベルトのスリップまたは反転バーへの接触によるダメージがある。正常に動作していても乗り移りの際に DFR にはダメージがかかるため、それを極力減らすような調整が必要である。

5.2.2 断線・欠け（シャープな形状）

パターンのトップからボトムまでシャープに断線しているものであり、パネルに貼られた DFR 表面または露光で使用するマスクフィルム表面に付着した異物等が原因で露光障害により発生する。不良写真を図 5.18 に示す。

異物の種類は、樹脂片・金属片・DFR 片・繊維・粘着物等さまざまであるが、DFR ラミネートの直後から露光終了までの間で、異物が付着するようなところがないか調査を行い、異物発生源の対策を行う必要がある。通常、露光前にクリーンローラー等でパネル表面を清浄化しているが、その除去方法で効果が出ているか確認する必要がある。また、それとは逆で、クリーンローラーの粘着テープの汚れ方（付着している異物）は日々把握すべきであり、異常が見られる場合は、直ちに調査を行うこと。

図 5.18　異物による露光障害断線

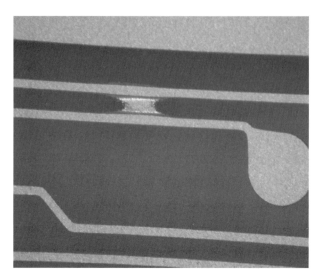

図 5.19　異物付着による短絡（ボトムショート）

　マスクフィルムを使用して露光する場合、複数枚に渡り同一箇所に不良が発生することがある。露光焼枠面またはマスクフィルムに異物が付着していることが考えられる。

5.2.3　短絡・突起（ボトムショート）

　図 5.19 は、パターンのボトム部が短絡している形状である。

　異物が原因となっていると考えられ、各工程において異物が発生していないか調査を行い異物発生源の対策を行う必要がある。また、DFR密着不良の場合に発生する露光かぶりでも、このような形状の短絡不良となることがある。

　現像工程においては、DFR成分等の凝集物であるスカムが発生する。このスカムの付着による短絡不良は、パターンのトップ部も短絡している場合が多いが、ボトム部のみの短絡不良になることもある。

5.2.4　短絡・突起（トップショート）

　パターンのトップからボトムまで短絡している形状である。

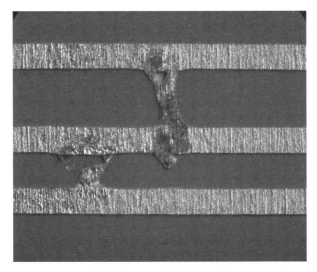

図 5.20　異物付着による短絡（トップショート 1）

　パネル表面に付着した異物等の上から DFR が貼られると、露光の際にマスクフィルムの密着が不十分となり露光かぶりとなったり、異物自体がエッチングレジストとなったりすることがある。この場合、不良箇所には異物が付着していた跡が残ることが多い（図 5.20、図 5.21）。特に、図 5.21 の不良は、短絡している部分に光沢があるため、ラミネート前処理で粗化する前に異物が付着していたと考えられる。
　DFR の上に付着した異物等が原因でも同様な不良が発生することがある。いずれも、異物の種類はさまざまであり、各工程において異物が発生していないか調査を行い異物発生源の対策を行う必要がある。
　図 5.22 の不良は、DFR のキャリアフィルム剥離時に、感光した DFR 片がパネルに再付着することでも発生し、短絡している部分の形状から判断できる可能性がある。キャリアフィルム剥離装置内の清掃や剥離条件の見直しだけでなく、パネル内に DFR 片が発生しやすい部分がないか確認することも必要である。
　現像工程におけるスカム付着により同様の短絡不良が発生することがある。

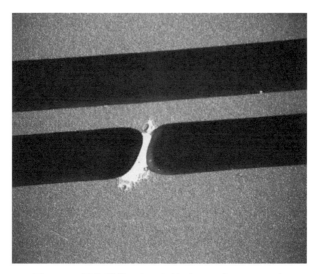

図 5.21　異物付着による短絡（トップショート 2）

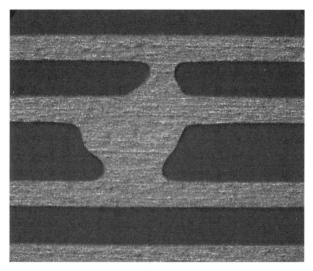

図 5.22　DFR 片付着による短絡

エッチング工程でも、チャンバー入口側の搬送ローラーに「べとつき」があるような場合、「べとつき」の原因となっている異物が付着し短絡不良となる。ローラーの「べとつき」が定常的な場合はDFR成分が付着していることも考えられるため、現像ラインの水洗および液切りでの改善またはローラーを定期的に清掃することが必要である。

5.2.5 パターン太り（アンダーエッチング）

銅めっき品の場合、パネル内・ロット内でのめっき厚にばらつきがあると、めっきが厚い部分でこのような不良が発生することがある。回路形成工程に原因がある場合は、露光過多、現像不足またはエッチング不足（アンダーエッチング）により発生する場合がある。ある配線パターン近傍において、パターン間形状の違いでエッチングされ方が異なることによる短絡を図 5.23 に示す。

エッチングでの条件不適切で発生する場合は次のことが考えられる。

パネル全面に渡って発生する場合は、(1) 搬送速度が速すぎる、(2) エッチング液の温度が低い、(3) エッチング圧力が低い、(4) エッチング速度が低下するような比重・濃度となっている、のような原因が考えられる。局所的に発生する場合は、ノズルの目詰り等が考えられる。

図 5.23　アンダーエッチング

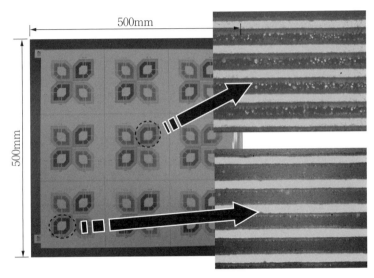

図 5.24　パネル上面中央部のパターン太り

　パネル中央部のパターン幅がパネル外周部と比較して太く仕上がる傾向は、通常のエッチング装置に見られるものである（**図 5.24**）。この傾向はパネルサイズが大きくなるほど顕著に表れ、原因はパネル中央部にエッチング液が滞留することで、スプレーされた液の当たり方が弱くなり、エッチング速度が低下することにある。中央部のみを選択的にエッチングする機構や中央部に滞留する液を取り除く機構により、中央部のエッチング量を外周部と同じにして均一性を上げている装置もある。

5.2.6　パターン細り（オーバーエッチング）

　5.2.5項のパターン太りとは逆の現象であり、銅めっき品の場合、めっきが薄い部分でこのような不良が発生することがある。回路形成工程に原因がある場合は、現像過多またはエッチング過多（オーバーエッチング）が原因となり、パターンが細っている場合だけでなく断線に至ることもある。
　エッチングでの条件不適切で発生する場合は次のことが考えられる。
　パネル全面に渡って発生する場合は、(1) 搬送速度が遅すぎる、(2) エッチ

第5章　トラブルシューティング

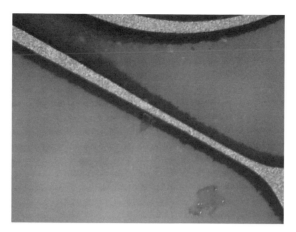

図 5.25　パターン細り（周囲の影響）

ング液の温度が高い、(3) エッチング圧力が高い、(4) エッチング速度が上がるような比重・濃度となっている、のような原因が考えられる。

局所的に発生する場合は、ノズルの磨耗、緩み等で吐出される液量が通常より多い部分があることが考えられる。

また、図 5.25 のように、細ったパターンの周囲に別のパターンがない場合は、エッチング液の当たり方、流れ方が強くなっていることが原因である。そのパターンの周囲に別のパターンがある場合と比較すると、エッチングの進み方に差が生じる。対策は、周囲の状況に応じてパターン幅の補正量を変えることである。

5.2.7　スルーホール断線

図 5.26 のように、スルーホール内の一部または全部に銅めっきが付いていない状態である。回路形成工程が原因となるのはテンティング法の場合で、「テント破れ」と称している。その原因は次のいずれかが考えられる。

① DFR 破れ

特に、大径穴や長穴で発生しやすい。

DFR ラミネートからエッチングまでの工程で、スルーホールを塞いでいる

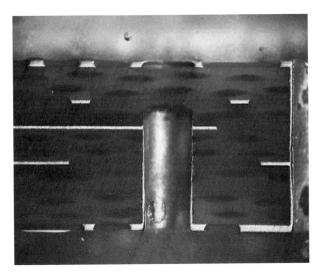

図 5.26　スルーホール断線

部分の DFR への応力集中で DFR に亀裂が生じ、スルーホール内にエッチング液が浸み込むことで発生する。また、DFR のテント強度が弱いことも考えられる。

② ランド欠け

　スルーホール周辺の DFR 密着不良、異物が原因となるピンホールまたは位置合わせずれ等によりランドが欠け、スルーホール内にエッチング液が浸み込むことで発生する。

　スルーホール周辺の DFR 密着不良は、銅めっき工程前でのバリ取り研磨による穴ダレ、銅めっき時のスルーホール部の涙目現象[*2]でも発生しやすいので同工程でも注意が必要である。

　現像工程、エッチング工程が原因となる場合は、搬送ローラーの回転異常による DFR へのダメージやノズルの異常により想定以上のスプレー打力がかかったことが考えられる。搬送ローラー異常はギヤ磨耗、噛み合わせずれ、ホイ

[*2] 涙目現象：スルーホールめっきにおいて、穴周辺の銅めっきが、穴から涙がこぼれるような形で薄くなる現象。

ール同士の接触がないか日常点検を行うとともに摩耗ギヤの定期的な交換が必要である。ノズルの異常については、ノズルの磨耗、緩み等がないか確認する必要がある。

5.2.8 基材破損

パネルに発生したシワ、割れ、角折れ等であり、特に薄い材料の場合、発生しやすく、その原因は次のいずれかが考えられる。

①搬送ローラーの一部が停止状態にあり、スムーズに搬送されない状態にある。搬送ローラーのギヤ磨耗、噛み合わせずれまたは、ホイール同士の接触がないか日常点検を行うとともに摩耗ギヤの定期的な交換が必要である。

②スプレーにあおられ、パネルの角が折れることが考えられる。薄い板はスプレー圧力、流量を小さくする必要があり、それに合った条件出しを行う。また、上面スプレー直下または下面スプレー直上のホイール（リングローラー）を増やしたり、ローラーに異常がないか確認する必要がある。

5.3　位置合わせ不良（レジストレーション不良）

多層基板の製造において発生する不良であり、内層材の製造工程や多層の積層工程での作業に原因がある。図 5.27 は、内層材にずれが生じており、スルーホール穴あけにおいて、ずれている内層材のランドが切れた状態である。

ピンラミネーションの場合は、各内層材の基準マークの中心または基準マー

 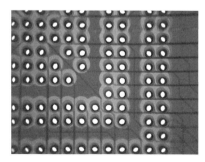

図 5.27　内層ずれ

ク同士の距離を振り分け、穴あけを行っている。この時に内層材の伸縮が大きかった場合または基準穴加工のずれがあると、該当する層にずれが生じることがある。ビルドアップ基板の場合、積層前のX線穴あけで内層材の基準マークの中心を計測して穴あけするが、材料の伸縮があると内層相互間の位置ずれが起きる。また、レーザー穴あけでは、下層の基準マークを検出して加工を行うが、製品の位置合わせ精度の要求値に準じて加工方法を変えているメーカーもある。

回路形成工程が原因で、この不良が発生する場合、次のことが考えられる。

(1) 材料の伸縮（前処理、DES）
(2) 露光工程でのアライメント不良
(3) 露光工程で使用するマスクフィルムの伸縮

5.4 SR工程での不良

5.4.1 穴内異物づまり

図5.28は、穴に引っ掛かったバフカス[*3]が原因となった不良である。その異物をFTIR分析（フーリエ変換赤外分光分析）することで、バフカス成分と特定した赤外吸収スペクトルを**図5.29**に示す。バフカスをパネルに付着させないためには研磨中および研磨後の水洗条件の見直しが必要である。

5.4.2 SR前処理研磨での不良

回路形成後の研磨加工では細目の不織布バフを使用することが多いが、押し圧が高い場合、**図5.30**のようにパターン短絡不良の原因となる「ひげ」が発生する場合があるので注意が必要である。

[*3] 研磨バフは砥粒と結合材（不織布、接着剤）から成っている。使用していると、バフ自体も削れてゆき、常に新しい砥粒が表面に現れることで研磨力を維持する。この時に削れたもの（使用済みの砥粒と結合材）とワークから研磨されて発生した研磨屑との混合物を慣用的に「バフカス」と呼ぶ。

第5章　トラブルシューティング

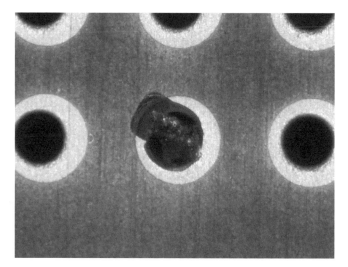

図5.28　バフカス詰り

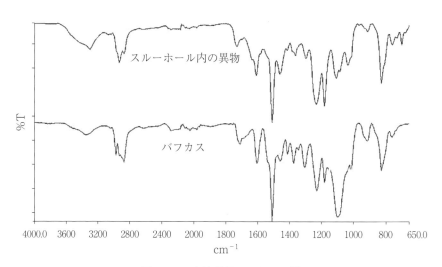

図5.29　赤外吸収スペクトル例

図 5.30　短絡の原因となるパターンのひげ

5.4.3　異物付着

　SR 前処理から SR 露光までの間で、パネル表面に付着した異物が取れた痕跡がある（**図 5.31**）。形状から判断すると、SR 塗工直後に異物が付着したものと考えられるが、異物解析と前記工程において異物発生源の特定および対策が必要となる。

5.4.4　SR 剥がれ

　SR 露光において、SR 塗膜が剥がれたものである（**図 5.32**）。銅面に汚れ等があり SR の密着が悪かったことも考えられるが、塗膜がタック性（粘着性）を有しているため、パネルとマスクフィルムが離れる際に SR 塗膜が剥がれることがある。対策としては、塗膜の仮乾燥条件の見直しや露光時にパネル温度を下げる改善が考えられる。

5.4.5　SR 位置ずれ

　配線パターンに対して SR パターンがずれている不良である（**図 5.33**）。パネ

第5章　トラブルシューティング

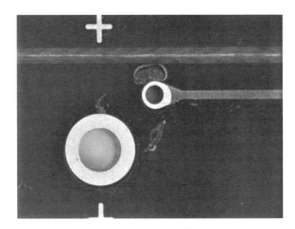

図 5.31　異物付着

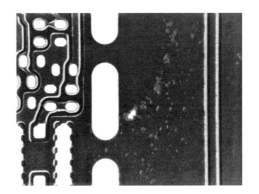

図 5.32　SR 剥がれ

図 5.33　SR 位置ずれ

ル内の一部に発生する場合はパネルの歪みも考えられるが、全体的に発生している場合は、パネルの伸縮、マスクフィルムの伸縮、露光時の位置合わせ不良等が考えられる。

5.5　MSAP 工法での不良

セミアディティブ法における配線パターンはサブトラクティブ法よりも細線であることが多く、そのため、以上に述べてきた不良が発生する確率が高くなる。本節では、DFR の持つ特性にも注目して、配線パターン不良の低減への取り組みに関して 5.5.2 項に述べる。

5.5.1　銅めっき表面のピット

セミアディティブ法において、パターンめっき後のシード層エッチング処理で銅層表面にピット（微小な穴）が発生する場合がある（**図 5.34**）。銅めっき粒界に不純物が取り込まれ、結晶格子欠陥部が選択的、優先的にエッチングされるためクレーター状のピットが発生すると言われている。めっき添加剤によってピット発生率に差があり、めっき後の常温放置や熱処理による再結晶化で改善されることもある。

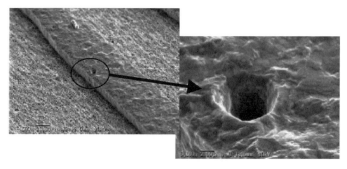

図 5.34　銅めっき表面のピット

5.5.2　DFR における配線パターン不良低減への取り組み

　プリント配線板製造工程における装置および製造条件での管理以外に、DFR メーカーにおける取り組みについて、日立化成株式会社殿の例を紹介する。

　近年では、表面平坦性の高い絶縁樹脂材料を用い、銅箔の代わりにめっきまたはスパッタリングでシード層を施し、その上に細線パターンを形成するケースが増えている。DFR 材料には、高解像度だけでなく配線パターンの浮き、電気銅めっき時のめっき液潜り込みなどを防止できる高い密着性が要求されている。細線パターンを形成する時に発生する不具合事例を図 5.35 に示す。

　現像後残渣、逆台形化、密着不良、凹み、断面荒れは、めっき工程にてパターン幅のばらつき、断線不良、短絡不良の原因となる。またレジストの裾引きがあると、めっきの析出が阻害され、配線パターンと基材との接触面積が小さくなり、配線パターンの引き剥がし強度不足の原因となる。現像後残渣、密着不良は、アルカリ性現像液で未硬化部を除去する過程で、硬化部の膨潤や応力の負荷が生じたことが原因と考えられる。また、裾引きも硬化レジストの膨潤

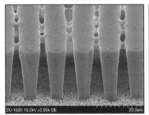
現像後残渣

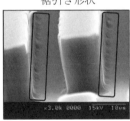
裾引き形状

逆台形化

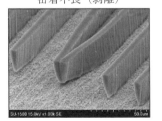
密着不良（剥離）

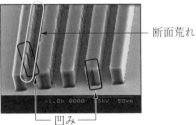
凹み、断面荒れ

図 5.35　DFR 現像時の不具合事例

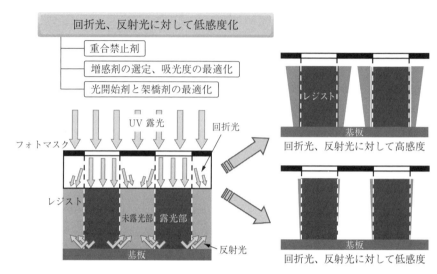

図 5.36 樹脂組成最適化によるレジストパターン改善方法（1）

が影響しているものと考えられる。

これらを改善する手法を紹介する。

高解像度化を図る手法として、回折光、反射光に対して低感度化する方法がある（**図 5.36**）。回折光とは露光工程で照射された光がフォトマスクを透過する際に屈折する現象であり、解像度悪化の一因となる。また反射光とは光が感光性フィルム（DFR）のレジストを透過した後、基板表面の銅箔面で反射した光を指し、これも解像度悪化の一因となる。

これらの影響を最小化することが高解像度化に必要であり、そのためには感光性フィルムのレジスト層に重合禁止剤の添加、露光機特徴に適合した光増感剤の選定、吸光度の最適化および光開始剤と架橋剤の最適化を行うことで、回折光と反射光に対して低感度な設計にすることが有効である。

高解像度化に対する他のアプローチとしては、感光性フィルムにアルカリ耐性を付与する手法がある（**図 5.37**）。

露光後の現像工程でレジストパターンを形成する際、未露光部のレジストが溶解除去されると同時に、露光部のレジスト層は一時的に膨潤する。膨潤度が

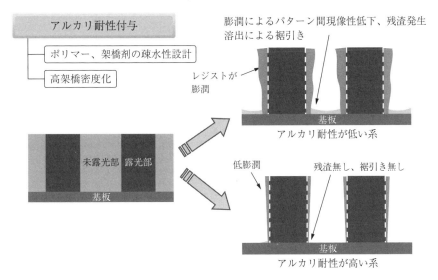

図 5.37　樹脂組成最適化によるレジストパターン改善方法（2）

高い設計では、パターン間の未露光樹脂の溶解除去性が低下することによる現像残渣やパターン底部に裾引き現象が確認されることが多い。

これらの不具合を防止するため、ポリマーや架橋剤を疎水性の高い設計にすることあるいは架橋剤構造を工夫し露光時の架橋密度を高める設計にすることで現像工程でのレジスト膨潤を抑えることが解決の手段となる。

また、アルカリ耐性を付与する手法は、高解像度化のほかにレジストパターンの密着力向上にも効果がある（**図 5.38**）。露光後の現像工程においては、露光部のレジスト層が膨潤する際に発生する応力によりレジストパターンが剥離される現象が見られる。アルカリ耐性が高い設計すなわち疎水性の高い設計とした場合、膨潤が抑えられるため剥離不具合を低減することができる。

アルカリ耐性を付与する手法として、前述した手法の他にレジストパターンの底部硬化性を高める方法がある（**図 5.39**）。増感剤、吸光度の最適化、高効率の光開始剤の適用、架橋剤の構造や架橋剤中の二重結合濃度を最適化することでレジストパターンの底部まで露光光が十分に到達し、架橋密度を高め、剥離現象や裾引きを低減することができる。

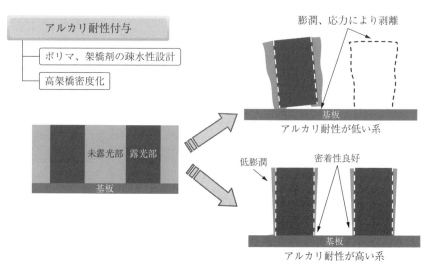

図 5.38　樹脂組成最適化によるレジストパターン改善方法（3）

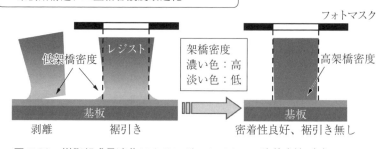

図 5.39　樹脂組成最適化によるレジストパターン改善方法（4）

第5章　トラブルシューティング

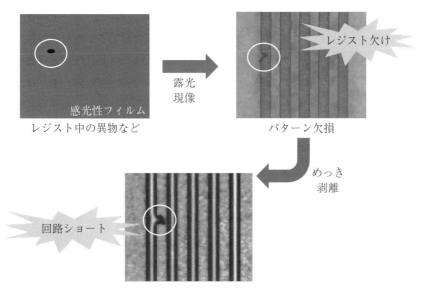

図5.40　レジストパターン欠損の発生メカニズム

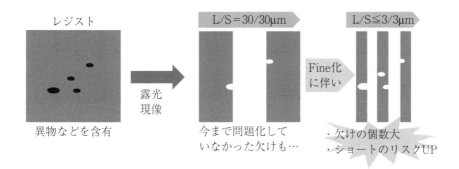

図5.41　微細化とレジストパターン欠損発生性の関係

　細線パターンを形成する場合、特に露光工程において、異物等の存在による露光障害により、レジストパターンが欠損する場合がある（図5.40）。パターンめっき法の場合、レジストパターンが欠損した部位は、めっき後に短絡不良となり、この現象はデザインルールが微細化するほど顕著となり（図5.41）、不良モードの主要因となることが多い。

レジストパターン欠損が発生する主な要因は、PETフィルム（キャリアフィルム）表面の異物、PETフィルム中に含まれる滑剤、レジスト中のピンホール、異物の4つがあげられる（**図5.42**）。このうちPETフィルム滑剤は、PETフィルムに滑り性を付与し、取り扱い性、傷の発生防止の役割を有する必須の成分であるが、滑剤サイズが大きい場合、レジストパターンに欠損を与えることがわかっており、滑剤サイズを最小化、凝集を低減したPETフィルムを用い

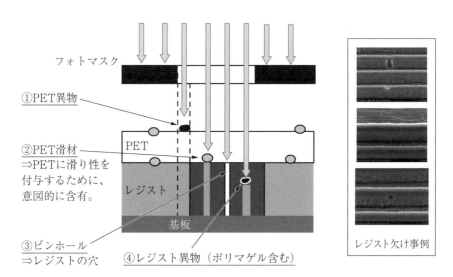

図5.42　レジストパターン欠損の発生要因

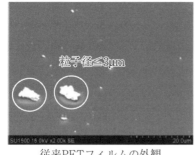
従来PETフィルムの外観

新規PETフィルムの外観

図5.43　PETフィルム外観比較

第5章　トラブルシューティング

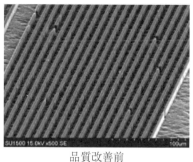 

　　　　品質改善前　　　　　　　　　　　品質改善後

図5.44　レジストパターン欠損低減事例（L/S＝10/10）

ることにより、欠損低減を図ることができる（図5.43）。

　また、DFR製造工程の見直しもレジストパターン欠損低減に必須であり、これらPETフィルムの品質改善およびフィルム製造時の異物低減活動に取り組むことにより、欠損率を大幅に低減している（図5.44）。今後も、更なる品質改善に取り組み、高い歩留りを実現できるDFRの開発を進めていく。

第6章

品質関連用語解説

　この章では、プリント配線板の品質不良・欠陥・不適合関連の用語を取り上げ、語義、関連情報などを解説する。

6.1　電気接続に関する不良・欠陥

ショート　short circuit
　本来は接続していない独立した複数の電気回路が接続されること。**短絡**とも言う。導体パターン間のショートのことを特に**パターンショート**と言う。完全に接続していないが、回路間の絶縁抵抗が規定値以下に低下することは**絶縁不良**と言う。

断線　open circuit
　本来は接続しているべき回路が接続されないこと。**オープン**とも言う。導体パターンの断線を**パターン断線**、あるいは**パターンオープン**と呼ぶ。スルーホール（スルービア）の断線は、**スルーホール断線**と呼び、パターン断線とは区別して扱う。

6.2　導体の形状、表面状態に関する不良・欠陥

欠け、突起
　導体の端部が局所的に（独立して）凹むこと、および突出すること（図6.1参照）。

銅残り
　設計上は導体がないはずの場所に銅導体が存在していること。エッチング法

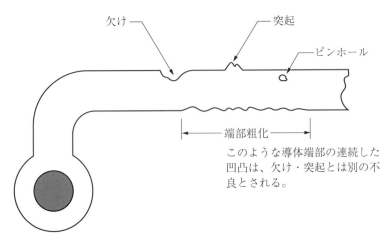

注：この図は米国軍用規格 MIL-P-55110 "Printed Wiring Board, General Specification For"（1960年初版発行）の図を元に作成。

図 6.1　導体の欠けと突起

の場合には、エッチングされるべき場所で、銅がエッチングされずに残っていること（**図 6.2** 参照）。

打痕（だこん）、圧痕（あっこん）dent

　別の物体が打ちつけられた、あるいは押しつけられた場合に表面に発生する凹み。異物が挟まり発生する場合も多い。後の工程で異物は除去され、凹みだけが残る。

スクラッチ　scratch

　ひっかき傷、擦り傷。鋭利な物体で表面を擦ることでできた傷。

　打痕やスクラッチが銅表面にあると、その上に形成したエッチングレジストの下に空隙ができることになり、エッチング液が浸入して、意図しないエッチングが発生し、断線の原因となる。

ブツ・ザラ不良　lumps/nodules、roughness

　表面が平坦であるべきめっき層にできた突起物をブツと呼び、多数の小突起

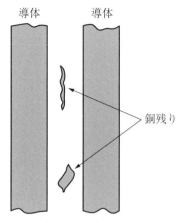

注：この図は米国軍用規格 MIL-P-55110 "Printed Wiring Board, General Specification For"（1960年初版発行）の図を元に作成。

図 6.2　銅残り

物がある程度広い範囲の表面に発生し、表面形状が粗くなる（ザラザラになる）ことをザラと呼ぶ。ブツ・ザラと並べて使う場合が多い。

JIS H 0400「電気めっき及び関連処理用語」（1998）は用語「ざらつき」を「めっき浴中の固体浮遊物がめっき層に入り込んで生じる小突起」と定義している。

ピット、ピンホール　pit、pinhole

銅箔、めっき皮膜あるいは塗膜に発生する微小な穴。膜を貫通しないものをピットと呼び、貫通したものをピンホールと呼ぶ。

ひげ　whisker

一般的にはショートを発生させるような針状の導体をいう。切削、研磨で発生した銅の切り屑に起因する場合がある。英語では whisker であり、原意は動物の（人間以外の哺乳類の）ひげである。

このような形状の導体のなかでも、応力起因で単結晶が成長したひげ状の結

晶（錫、亜鉛などで顕著）の意味の用語には特に、ウィスカー（あるいはホイスカ）を用いる。

シミ、ウォーターマーク　spotting、stain、water mark
　湿式処理の水洗乾燥後に、表面が斑点状、あるいは帯状に変色すること。
　表面に残った水が蒸発するときに濃縮し、水中に浮遊していた異物（当初から水中にあったもの、あるいは塵埃などの空中の浮遊物が水中に溶け込んだもの）が蒸発せずに表面に取り残されてできる。あるいは、水洗処理でも処理水が完全に希釈できず、わずかに水中の残っていた酸などの化学薬品が、蒸発濃縮により濃度を増し、表面の銅と反応して変色させる場合もある。
　加熱乾燥に入る前に、確実に水洗を行うことと、蒸発濃縮を起こすような量の水を表面に残さないことが重要である。吸水ロール、エアーナイフなどを有効活用することが対策になる。

6.3　露光・フォトレジストに関する不良・欠陥

かぶり　fogging
　感光材において、意図した画像以外の場所で、露光による反応（銀塩フィルムの場合は黒化反応、フォトレジストならば重合反応）と同じ反応が生じること。露光以外の光が照射されたことによる意図しない露光、薬品による反応、長期保存中の自然反応、放射線による反応などが原因になる。

テント破れ　tenting defect
　エッチング法（サブトラクティブ法）において、ドライフィルムのテンティングに損傷・欠陥が生ずること。この状態だとエッチング液が孔内に侵入し、スルーホールあるいはビアの断線の原因となる。機械的な傷、圧痕、異物、位置合わせ不良によるアニュラーリング幅[*1]不足、スプレー圧過剰、などさまざまな原因で発生する。

＊1　アニュラーリング：図1.15（p.50）を参照。

6.4　回路形成以前の工程の不良・欠陥

樹脂スミア、レジンスミア　resin smear

　機械式穴あけで、ドリルビットが高速回転をしながら切削していく時に熱が発生し、高温になった樹脂が剛性を失い、ドリルビットにより穴壁に押し付けられるように広がる現象。多層基板のめっき前の穴に露出した内層ランドの上に樹脂の膜ができることになり、内層回路とスルーホールめっき層の接続の障害になる。完全に断線にならない場合は電気検査（布線検査）では発見できず、顧客に納入された後に、経時変化により、あるいははんだ付けなどによる熱応力により断線を引き起こすことがある。

　レーザー穴あけでは、アブレーション（ablation、融蝕）作用によって穴をあけている。そのため、機械式穴あけとは発生メカニズムが違うが、レーザー・アブレーションで完全に除去されず、ビア底部に焼き付けられたように残った樹脂、あるいは穴周囲の表面銅層に飛び散った樹脂を樹脂スミアと呼ぶ。ビア底部の樹脂スミアは、機械式ドリルで発生したものと同様に、内層回路とビアめっき層の接続の障害になる。

　通常、機械式穴あけでもレーザー穴あけでも、穴あけ後に**デスミア**（desmear：スミア除去）処理を行い、接続不良を防止しているが、発生した樹脂スミアが過大の場合は除去できず、不良につながる。

　プリント配線板の樹脂材料としてはエポキシ樹脂が使われる場合が大部分であるため、**樹脂スミア**を**エポキシスミア**と称する場合もある。

　ここで取り上げていない専門用語に関しては、『プリント回路技術用語事典』（第3版、日刊工業新聞社、2010）を参照されたい。

あとがき（監修者からのことば）

　IoT、5G などに牽引され、インターネット、自動車エレクトロニクス、高性能コンピューティングへの対応が急がれ、プリント配線板の製造技術がますます重要になります。当事者として責任を感じます。

　出版を発想して 10 年にして念願の「回路形成技術」4 部作が本書をもって完成の運びとなりました。
　当初の計画ではこの 4 部作で回路形成の全ての工程を網羅できると考えていましたが、今日に至り、穴あけ、積層、穴埋め、検査などの工程が不充分で反省しています。チャンスをみて、これらの技術に加え新材料や製造装置の新技術を含め再度挑戦したいと思います。
　私は、めっき・エッチング技術を基本技術として開発型・提案型企業を目指して 50 年になります。この 4 部作が、変革する新技術に対応し、また日々の品質向上や生産性向上に役立つことを心から念願しています。

　出版に当たり、業界の多くの関係者の皆様から資料の提出を頂き、また執筆にご協力を賜った皆様に感謝すると共に厚く御礼申し上げます。

2019 年 12 月

神津邦男

索　引

【あ】

アートワークマスター／24
圧痕／228
アディティブ法／40, 51
後加熱加圧機／97
穴あけバリ／194
穴埋め／15, 32
穴埋め研磨／194
穴埋め法／48, 50
アニュラーリング／50, 230
アライメント／54, 107, 122
アルカリエッチング／165
アンダーエッチング／199, 209
アンダーコート層／67
イエローランプ／134
位置合わせ／54, 213
位置合わせ穴／54, 55
位置合わせ誤差／55
位置合わせマーク／54
位置ずれ／60
位置精度／60
陰画／23
インテグレータレンズ／115, 124
ウィスカー／230
ウェットラミネーション／38
ウォーターカーテン／145, 155
ウォーターマーク／230
埋め込み型ビア／45
裏露光／63
エアーナイフ／79, 142, 144, 161
エアーボイド／97
エアシャワー／89
液切り／79
液状フォトレジスト／46
液溜り／149
エッチング／15
エッチング過剰／200
エッチング速度／147, 148
エッチング不足／199
エッチング法／40, 73
エッチングレジスト／15, 23
エポキシスミア／231
塩化鉄／146, 147
塩化銅／146
オートカットラミネーター／95
オーバーエッチング／200, 210
オープン／227

凹版印刷法／29, 30
落とし込み印刷法／32
オフコンタクト露光／26
オフセット印刷／30

【か】

カーテンコーター／181
回折光／220
化学研磨／75
欠け／202, 205, 227
かすれ／106, 183
カソードロッカー／201
可塑剤／36
片面プリント配線板／12
滑剤／224
加熱接着法／59
カバーシート／35
かぶり／230
ガラス乾板／25
過硫酸塩／75
乾燥／79
貫通ビア／45
傷／228
キャリアフィルム／35, 95, 128
キャリアフィルム剥離／207
キャリア付き銅箔／54
吸水ローラー／79
狭ピッチ化／40, 163
銀スルーホール配線板／67
近接露光／26
金属レジスト法／47
クイックエッチング／172
空気清浄度／92
グラビア印刷／30
クリーン度／89, 92
クリーンルーム／87
クリーンローラー／86
クロスオーバー構造／67
現像／36, 130, 132, 189
現像液／37, 134
現像液コントローラー／134
孔版印刷法／30
コピーフレーム／107
ゴムローラー／144, 154
コリメーション半角／28
コリメーションミラー／107, 115
コリメータレンズ／124
コンタクト式／107

233

コンタクト露光／26
コンフォーマルマスク法／66

【さ】

サイドエッチ／40
座切れ／54
サブトラクティブ工法／40, 73
サブトラクティブ法／51
三角傷／195
酸洗／160
シード層／42, 219
シード層エッチング／164, 172
次亜塩素酸ナトリウム／78
ジアゾフィルム／25
ジェットスクラブ／84, 177
ジェットスクラブ研磨／74
紫外線カット／134
紫外線硬化／183
支持フィルム／35
指触乾燥／63
自動管理装置／77
絞り／79
シミ／230
重合開始剤／36
収差／124
樹脂スミア／200, 231
順次基準法／58
ショート／227
ショートアーク形／112
消泡剤／136, 160
消泡装置／136, 160
シルク印刷／65
シルクスクリーン／65
新液洗／141
真空ラミネーター／97, 184
スカム／37, 207
スキャン投影露光／28
スクラッチ／228
スクラッチ傷／81, 197
スクリーン（紗）／31
スクリーン印刷／50, 105, 182
スクリーン印刷法／30
スクリーン版／105, 183
スクレーパー／32
スクレッパー／32
錫剥離／167
ステップ・アンド・リピート方式／28, 126
ステップウェッジ／100
ステップスケール／100

ステップタブレット／100
ストレートローラー／142
スパッタリング／219
スプレー塗布／178
スプレー方式／132
スポンジローラー／144, 154, 161
スルービア／45
スルーホール／14
スルーホール断線／193, 227
スルーホールめっき／14, 21
清浄度／89
静電気除去装置／161
静電スプレー／179
絶縁不良／227
セミアディティブ法／42, 52
セラミック基板／21
粗化処理／74
粗面化／76
粗面化処理／74
ソルダーレジスト／23, 32, 61, 175

【た】

ターゲット・パッド／54
耐スクラッチ性／25
打痕／228
多層積層工程／55
多層プリント配線板／14
多段水洗／144, 154, 161
タック性／216
タックフリー／63
断線（オープン）／193, 202, 205, 227
短絡（ショート）／193, 202, 227
チップ／130
超高圧水銀ランプ／109, 112
直描露光／120
直接形成法／47
直接描画法／26
直描法／26
追従性／62, 87, 97
ディッシュダウン／202
ディップ方式／133
デクリネーション角／26, 28
デジタル式／120
デスミア／231
電着レジスト／103
テンティング（成膜）／34, 230
テンティング法／34, 49
テント強度／212
テント破れ／193, 230

234

索　引

投影式／123
投影露光／28
導体間隙／39
導体幅／39
導体ピッチ／39
銅ダイレクト法／66
銅残り／227
銅箔エッチング法／21
銅張積層板／13
銅めっき厚ばらつき／197
突起／227
突起不良／202
凸版印刷法／29, 30
トップショート／206
ドライフィルムフォトレジスト／17, 21, 32
ドレッシング／82

【な】

内層コア材／59
涙目現象／212
にじみ／106, 183
ニュートンリング／28, 127
二流体ノズル／151, 152
ネガ／23
ネガ型／24
熱硬化／64, 183
ノズル詰り／78

【は】

パーティクルカウンター／93
バインダー／36
バキュームエッチング／150
薄銅箔／53
剥離／36, 171
剥離液／38, 155, 171
剥離片／156
パターン印刷法／66
パターンオープン／227
パターンショート／227
パターン断線／227
パターンめっき／40
パターンめっき法／34, 40, 48, 163, 165
パッドピッチ／40
パネルめっき法／48
バフカス／81, 177, 214
バフ研磨／74, 80, 177
バリ取り研磨／194
ハロゲンランプ／109
反射光／220

はんだ剥離法銅めっきスルーホール基板／42
はんだめっきスルーホール基板／42
反転形成法／33, 47
版離れ／31
ピーラー／128
ビア／14
ビアホール／14, 45
ビアポスト／45, 67
光開始材／119
光開始剤／119
光架橋剤／119
ひげ／214, 229
ピット／218, 229
ビルドアップ多層プリント配線板／15
ピンホール／229
ピンラミネーション／59
ピンラミネーション法／55
ピンレスラミネーション／59
フォトツール／23, 24, 57
フォトビア／65
フォトプロッター／24
フォトマスク／24
フォトリソグラフィー／17, 22, 31
フォトレジスト／17
不織布バフ／80
蓋めっき／15
ブツ・ザラ／74, 197, 228
太り／193
部品穴／14
フライアイレンズ／115, 124
ブラインドビア／45
フラッシュエッチング／172
フラッシュ銅めっき／53
フラットノズル／132, 146, 155
プラテン部／107
プリパンチ法／58
プリヒーター／87
プリプレグ／14
プリンタブル・エレクトロニクス／68
プリンテッド・エレクトロニクス／68
プリントアウト／36
プリントエッチ法／47
プリント回路／11
プリント回路アセンブリー／11
プリント配線板／11, 12
フルアディティブ法／42, 52
フルコーンノズル／132, 146, 155
フレキソ印刷／30
ブレークポイント／136, 140

235

プロキシミティ露光／26
分割露光／126
ベースビア／51
平行光／113
平板印刷法／30
べとつき／209
ベリードビア／45
ホイスカ／230
保護フィルム／35, 95
ポジ／23
ポジ型／24
ポストパンチ法／58
細り／193
ボトムショート／206
ポリゴンミラー／122

【ま】

マーキング印刷／32, 65
マイクロエッチング（化学研磨）／63
マイクロビア／15, 38
マイラー／35
膜上／24
膜下／24
マスクフィルム／107
マスターフィルム／24
マスラミネーション／60
水シミ／74
ミスト／146
密着性／87
密着不足／203
密着露光／26
無機フィラー／189
無塵服／89
メタルハライドランプ／188
メタルレジスト法／33, 42, 47
めっき／15
めっきスルーホール／14
めっきレジスト／23, 163
メンブレンキーボード／32, 67
メンブレンスイッチ／32, 67
メンブレン配線板／67
文字印刷／65

【や】

陽画／23

【ら】

ラージウィンドウ法／66
ランド欠け／212

ランド切れ／54
リス型フィルム／25
リスフィルム／25
リフティングポイント／156
硫酸-過酸化水素系エッチング液／75
レーザー穴あけ／231
レーザービア／65
レイアップ／59
レジスト／22
レジストレーション／213
レジストレス工法／42
レジンスミア／231
レベリング／31
ローリング／31
ロールコーター／181
露光／107, 188
露光テーブル／107
ロングアーク形／112

【英字】

AMSAP／42, 53
ALIVH／67
B^{2}IT／67
B.P.／136
CCL／13
CPCORE／68
DES ライン／130
DFR／74
DFR ラミネート／94
DMD／122
EDX／115
ED レジスト／103
FCCL／12
FED クラス／89
FTIR／115, 214
HEPA フィルター／79, 80, 89, 161
ISO クラス／89
IVH／46
JPCA ロードマップ／38
L.P.／156
LPISM／62
MSAP／42, 53, 164, 167
PALAP／68
PCB／12
PWB／12
SAP／42, 53
SR 剥がれ／216

236

著者略歴

雀部俊樹（ささべ　としき）
1974年東京工業大学工学部電気化学科を卒業、東京芝浦電気㈱（現　㈱東芝）に入社。プリント配線板の製造技術、研究開発、工場設計、プラント輸出に携わる。1988年同社を退社、日本ディジタルイクイップメント㈱（日本DEC）入社。プリント配線板調達・品質管理・業者認定に携わる。1998年同社を退社、シプレイ・ファーイースト㈱（現ローム・アンド・ハース電子材料㈱）入社。2006年同社を退社、荏原ユージライト㈱（現㈱JCU）入社。2007年同社を退社、㈱メイコー入社、プリント配線板製造技術開発、知財に携わる。2011年同社を退社。2012年雀部技術事務所設立。著書として「本当に実務に役立つプリント配線板のエッチング技術」（共著）2009年、「プリント回路技術用語辞典（第3版）」（共著）2010年、「本当に実務に役立つプリント配線板のめっき技術」（共著）2012年、「本当に実務に役立つプリント配線板の研磨技術」（共著）2018年（すべて日刊工業新聞社刊）がある。

秋山政憲（あきやま　まさのり）
1978年日本大学理工学部工業化学科卒業。同年、リズム時計工業㈱に入社し、金属ベース基板等の製造および生産技術に携わる。1987年同社を退社し、山梨アビオニクス㈱に入社。高多層基板の生産技術を担当。2002年同社を退社し、日本シイエムケイ㈱に入社。日本シイエムケイマルチ㈱にて、品質改善および生産技術を担当。2007年同社を退社し、翌年㈱ケミトロンに入社。エッチング装置、めっき装置の開発、評価に従事。著書として「本当に実務に役立つプリント配線板のエッチング技術」（共著）2009年、「本当に実務に役立つプリント配線板のめっき技術」（共著）2012年、「本当に実務に役立つプリント配線板の研磨技術」（共著）2018年（すべて日刊工業新聞社刊）がある。

片庭哲也（かたにわ　てつや）
1998年茨城大学工学部電気電子工学科卒業。同年、日立マクセル㈱に入社。光磁気ディスク、光学部品の生産技術、品質管理に携わる。2011年同社を退社し、高砂製紙㈱に入社。電気設備の保守、機器更新を行う。2012年同社を退社し、㈱ケミトロンに入社。エッチング、めっきのプロセス開発に従事。著書として「本当に実務に役立つプリント配線板の研磨技術」（共著）2018年（日刊工業新聞社刊）がある。

監修

神津邦男（こうづ　くにお）
1957年國學院大学文学部卒業。秋元産業㈱入社、めっき薬品の販売に従事。1962年秋元産業㈱機械事業部長を兼務し秋元工業㈱（現日本工装㈱）設立、専務取締役とし

て計装機器の製造販売に従事。1966年東洋技研工業㈱を設立、常務取締役に就任。建材用自動アルマイト装置を開発し製造販売。1970年プリント配線板の自動めっき装置（VCP）を開発し製造販売。1997年㈱アルメックス副社長を退任、1998年㈱ケミトロン社長に就任。プリント配線板のめっき装置及びエッチング装置の製造販売。

査読

今関　貞夫（いまぜき　さだお）

1946年生、千葉県出身。1969年信州大学繊維学部繊維工業化学科卒業、日本染色㈱、日本ユニゲル㈱を経て1975年㈱伸光製作所に入社。以後、水質関係公害防止管理者を25年間兼務しながら製造技術・開発技術・品質管理・製造設備設計・工場建設・技術営業・環境管理・特許調査などに長年従事し2004年退職。1989年よりプリント配線板製造技能検定試験検定委員として2007年長野県知事賞を受賞。2013年厚生労働大臣功労賞を受賞。NPOサーキットネットワーク監事。信州大学学士山岳会所属。

『実務に役立つ

プリント配線板の回路形成技術』

書籍サポートページ

https://jisso.jp/books/circuit/

実務に役立つ
プリント配線板の回路形成技術　　NDC549

2019年12月27日　初版1刷発行　　（定価はカバーに表示してあります）

©	著　者	雀部俊樹　秋山政憲　片庭哲也
	監　修	神津　邦男
	発行者	井水　治博
	発行所	日刊工業新聞社
		〒103-8548　東京都中央区日本橋小網町14-1
	電　話	書籍編集部　03（5644）7490
		販売・管理部　03（5644）7410
	ＦＡＸ	03（5644）7400
	振替口座	00190-2-186076
	URL	http://pub.nikkan.co.jp/
	e-mail	info@media.nikkan.co.jp
	印刷・製本	美研プリンティング

落丁・乱丁本はお取り替えいたします。
2019 Printed in Japan
ISBN 978-4-526-08022-7　C3054

本書の無断複写は、著作権法上の例外を除き、禁じられています。